在家种小菜

她品 主编

农村读物出版社

图书在版编目（CIP）数据

在家种小菜 / 她品主编. — 北京 ：农村读物出版社，2011.11
(逆生长慢生活)
ISBN 978-7-5048-5536-7

Ⅰ. ①在… Ⅱ. ①她… Ⅲ. ①蔬菜园艺 Ⅳ. ①S63

中国版本图书馆CIP数据核字(2011)第212488号

策划编辑 黄 曦
责任编辑 黄 曦
出　　版 农村读物出版社（北京市朝阳区麦子店街18号　100125）
发　　行 新华书店北京发行所
印　　刷 北京三益印刷有限公司
开　　本 787mm×1092mm　1/24
印　　张 5
字　　数 120千
版　　次 2012年 1 月第1版　2012年 1 月北京第1次印刷
定　　价 26.00元

目录

第一章 大隐隐于市，乐活田园居

一 家庭种菜四大美“位”/8

01.阳台，最快乐的一亩二分地/8

02.窗台，被人忽略的迷你菜田/11

03.庭院，连接地气的城市菜园/12

04.天台，惬意美妙的屋顶农场/13

二 “袖珍农场”五要点/14

01.挑选菜种，源头健康才能硕果累累/14

02.阳光和温度，“开心农场”里的自然气息/17

03.土壤和水分，那些菜赖以生存的根本/22

04.科学施肥料，为居家菜园增加活力剂/26

05.搞定病虫害，清爽打造无公害乐园/28

三 惬意种菜小道具/30

01.可爱花盆，变废为宝低碳种菜好时尚/30

02.喷水壶，忠诚园丁选购有讲究/32

第二章

谈情说菜，64款年轻人最爱美蔬详解

叶菜类 勤快耕作立等可收/34

小白菜/34

油麦菜/36

生菜/37

木耳菜/38

菠菜/40

苋菜/42

芥蓝/43

茼蒿/44

红凤菜/45

鱼腥草/46

芹菜/47

根茎类“地下蓬勃”最宜出差族/48

樱桃萝卜/48　牛蒡/57
芋头/51　菊苣/58
铜钱草/52　山药/59
红薯/54　马铃薯/60
青花菜/55　凉薯/61
球茎甘蓝/56　胡萝卜/62

瓜果类三分热度懒人最爱/64

丝瓜/64　西葫芦/70
菜瓜/67　南瓜/71
黄瓜/68　冬瓜/72
苦瓜/69

茄果类美果爆仓馈赠亲朋/73

西红柿/73　茄子/82
秋葵/77　五彩樱桃椒/84
玉米/78　柿子椒/86
圣女果/80

豆品类手作野趣搭架扶持/88

豇豆/88
四季豆/90
豌豆/91
毛豆/92

葱蒜类 药食两用迷你养生/93

洋葱/93
大葱/94
青葱/95
大蒜/96
生姜/97
韭菜/98

香草类 小资调味优雅清新/100

罗勒/100
薄荷/102
芫荽/104
马郁兰/105
百里香/106
鼠尾草/107
莳萝/108
结球茴香/109
迷迭香/110
香蜂草/111
紫苏/112

其他类 采菊东篱乐活开拓/114

蕨菜/114
芦蒿/116
枸杞菜/117
珍珠菜/118
菊花脑/119
黄花菜/120

第一章

大隐隐于市，乐活田园居

一 家庭种菜四大美“位”

现如今，只有落伍的“奥特曼”才在网上菜园里忙活，更多城市达人更愿意自己实地开垦菜园。居家种菜甚至比家庭养花更富有乐趣，平时既可欣赏翠枝绿叶带来的美好感觉，又可享受农家栽种丰收时美好的心情。等到收获时将其做成美味全家享用，不用担心有农药，更不用担心有污染，吃起来放心且舒心。但是，身处钢筋水泥的城市，上哪儿去找大片土地？别发愁，将小小的阳台改造一下，它就能变成你快乐的一亩二分田。

01 阳台，最快乐的一亩二分地

阳台适合栽种什么蔬菜

A 根据阳台环境来选择

通常来说，大多数城市“菜农”家都会有一两个阳台，这块“空地”就是家庭种花的最佳场所：光线充足，空间敞亮。但谈及阳台适合栽种什么菜，首先考虑的不应该是个人喜好，而应是蔬菜的“偏好”。

因为每种蔬菜都有其特定的栽培环境，因此阳台蔬菜应根据阳台的环境条件来决定，以测定阳台是否适合所种植蔬菜的要求。

而所谓的阳台环境，最主要的就是阳台朝向和阳台封闭两种情况，朝向决定着阳台的光照条件，而阳台的封闭环境则决定了阳台的温度条件。比如说全封闭式阳台，受太阳炙烤和严寒袭击的可能性较小，阳台空气湿度和温度相对稳定，因此可供选择栽种的蔬菜范围也较广，基本一年四季都可栽种蔬菜。而半封闭或开敞式阳台，虽说光线充足，但蔬菜面对夏天的烈日和冬天的风雪却毫无遮蔽，因而很容易因阳台气候不稳定而“夭折”，所以半封闭或开敞式阳台一般冬天不适合栽种蔬菜，且夏天时应随时注意对蔬菜进行遮光处理。

阳台朝南
就会阳光充足、
通风性良好，
属最佳种菜阳台。

谈及阳台朝向就更要注意了，如果说阳台朝南的话就会阳光充足、通风性良好，属最佳种菜阳台。且几乎朝南的阳台一年四季有全日照，即便是寒冷的冬天也不例外，所以可常年在此处种植蔬菜，尤其以黄瓜、苦瓜、番茄、金针菜、芥菜、青椒、莴苣、韭菜等菜类最为适合；莲藕、菱角、荸荠等水生蔬菜也可在朝南的阳台上种植。

而朝东、朝西的阳台多半属半日照阳台，适合种植些喜光耐阴的蔬菜，如洋葱、油麦菜、小油菜、丝瓜、香菜、萝卜等。值得一提的是朝西的阳台夏季要注意防晒，尤其是傍晚时分夕晒很容易灼伤蔬菜，造成落叶或蔬菜死亡，所以如果是朝西的阳台，可在阳台角落处种植些蔓藤类耐高温的蔬菜，以便遮挡住部分太过明晃晃的阳光。与朝南的阳台相反，朝北的阳台几乎全天没有日照，所以可栽种的蔬菜品种较少，多以耐阴性强的蔬菜为主，如莴苣、芦笋、香椿芽、红凤菜、空心菜、木耳菜等。

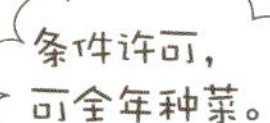

B 根据蔬菜品种来选择

在传统栽培上，人们常分三季栽种蔬菜：第一季在3～4月，主要以瓜果、茄果类、豆类为主；第二季在6～8月，常种植萝卜、大白菜、青蒜等；第三季则在10月底栽种，主要以青菜、菠菜、花菜、包菜为主。

但如今只要种植蔬菜的硬件条件具备，可随时培育蔬菜，若将蔬菜稍加分类，可分为以下几种：

●生长周期短的速生蔬菜，如油麦菜、青蒜、芥菜、青江菜、油麦菜等。

●收获期长的蔬菜，如番茄、辣椒、韭菜、香菜、葱等。

●易于栽种的蔬菜，如苦瓜、胡萝卜、生姜、小白菜等。

●不容易生虫子的蔬菜，如韭菜、红薯藤等。

对于初学者来说，选种一些易种易活的菜是首选，如小白菜和油麦菜。

阳台种菜的南北差异

就地域环境而言，南方栽种蔬菜的条件要比北方优越得多。南方朝阳的阳台，一年四季都可栽种蔬菜，平时种喜温的，春、秋、冬三季种喜凉的，炎夏种耐热的……总之，只要有兴趣，季节根本不是大问题。

但对北方来说，只能在夏季种植些喜温的果菜类，如果想在其他季节种植蔬菜，必须支出一定成本来置办暖房等设备，品种以弱光耐阴、生长周期短的蔬菜为佳。

02

窗台，被人忽略的迷你菜田

和有着开阔面积的阳台相比，窗台似乎不那么容易被重视，但其实这并不影响窗台用来种菜的功能。在窗台上，一般选种一些植株较矮、生长周期短的速生蔬菜，如香菜、葱、姜等，以防止高大的植株遮挡住屋内的阳光，并为创“丰收”奠定了良好的基础。但因窗台之上是主管房屋视线的“窗口”，因此不宜摆放过多蔬菜，而应间隔性以绿叶蔬菜为主，如小白菜、菠菜、韭菜等。

03 庭院，连接地气的城市菜园

如果说阳台是栽种蔬菜的“空中楼阁”，那庭院无疑就是“脚踏实地”的地面菜园。通常来说，城市居民几乎每家每户都会有阳台，但不见得每家每户有庭院，只有居住在平房或楼层较低的人才可获此“特权”。在房前屋后开垦菜地，既为居家增添一道亮丽风景，又可大大提高蔬菜收获量，给生活平添许多乐趣。

庭院接地气，所以可供选择栽种的蔬菜品种范围很广。但庭院种植蔬菜和养花一样，也有其相关法则，也要根据庭院的结构、使用面积、朝向来确定适合栽种的品种。譬如说喜欢攀援类蔬菜，就应种在栅栏边上，而不是靠近房前的墙壁上，以免弄脏墙壁和挡住室内阳光。在庭院种菜时，可将喜欢光照的蔬菜置于南边光线充足处，而北边阴凉处则栽种一些耐阴的蔬菜。蔬菜栽种结构上，应高低结合、分区收割，一来可最大化使用庭院面积，二来方便收割蔬菜，避免采收时损伤其他蔬菜，且套种蔬菜的方式能有效预防病虫害。

04

天台，惬意美妙的屋顶农场

和庭院相比，天台种菜具有更多趣味性和挑战性。天台离地“若干尺”，阳光和视线相对更充足，若将其开辟成“屋顶农场”更是妙不可言。和庭院一样，南方的“屋顶农场”对蔬菜品种无限制，可随意选择自己喜欢的蔬菜栽种。而且因为天台上种植蔬菜通常都还是采用盆栽的方式，所以移动起来非常方便，可任意改变“屋顶农场”的布局和格调。但北方的天台就不行了，除非将其做成封闭式花房，否则天气寒冷季节，露天蔬菜完全无法存活，会在一定程度上挫伤“农场主”的积极性。所以北方的天台大多在春暖花开、或秋高气爽时种菜。当然，盛夏也是种菜的好季节，只是要时刻注意防晒才行。

虽说天台种菜能美化环境、隔热降温，而且经济实惠，但也要考虑天台的坚固性。在种菜材料选择上，可选择轻型坚固的材料，如泡沫花盆等，不影响房屋的整体坚固性。另外，在种菜的同时应做好一切防护措施，感受自然带来的美妙感觉，但尽量不要打扰到邻居。

二 “袖珍农场”五要点

人们常说“种好因结好果”，这用在居家蔬菜种植中同样有效：想要蔬菜高产，选好良种是关键。良种的先天“因子”优秀，栽培起来能少费很多心思，且最后多会枝繁叶茂；如果埋下劣质的种子，即便后天精心养护，也总会遭遇病虫害，结出的果也大多是歪瓜裂枣。

01 挑选菜种，源头健康才能硕果累累

如何挑选菜种

为了保证自己选购的都是优良菜种，不妨按照以下方法选购：

●尽量到规模大、信誉好的种子公司或经营门市购买，这些地方一般都持有种子经营许可证、种子生产许可证等有效证件，一来可保证品种质量，二来可避免日后种子出现问题“投诉无门”。最好不要为贪便宜到集贸市场上购买种子，以防上当受骗。

●种子包装袋或包装盒上附有标签，且标签上应写明该种子生产单位、质量指数、种子的生产批号、生产日期和保质期等，以及该品种的特性、栽培方式、适合范围、栽培适宜温度、抗病能力等。当然，如果亲朋好友中有人收集了往年采摘的种子则更好，这样的种子经过他人实验，具备一定产量，种植起来更放心。

●购买种子要认清地域因素，因为大多数种子应在同纬度引种。譬如说豆角，在南方就能很好地生长，但到了北方产量却会大幅降低。因此，如果挑选的种子是国外进口或外地调运的新品种，应让卖家出示本区域内试种的证明，以确保自己的利益。

购买种子要认清地域因素，因为大多数种子应在同纬度引种。

下种前处理

A 消毒

为了减少将来蔬菜生长过程中遭遇病虫害的状况，可采用种子消毒法控制种子自身携带的细菌，可杜绝苗期土壤传菌危害，保证菜苗茁壮成长，达到事半功倍的种菜效果。一般来说，从正规种子市场买回的种子，用温水浸泡法即可。方法很简单，即：将种子放在60℃左右的温水中浸泡15分钟左右，然后用30℃左右的温水浸泡3小时，最后取出种子晾干。这种方法可打破种子休眠状态，促进种子发芽，提高种子免疫力。而如果种子表面不干净，且放置时间过长，可采用药液浸泡法，如用福尔马林100倍液，先用清水浸种3～4小时，然后放入药液中浸泡20分钟，取出用清水洗净即可。

B 催芽

在进行栽种前，应去掉种子里的泥土杂质，以免影响发芽或造成烂种。此外，还应对发芽较慢的种子进行催芽处理，如番茄、辣椒、茄子、黄瓜等果类蔬菜，将其用温水浸泡数小时，番茄、茄子通常3～4小时，黄瓜1～2小时即可。然后在育苗盘的底端垫几层纱布或湿巾，然后将浸泡的种子控去水，放在育苗盘中，置于28～30℃的环境中1～5天。种子发芽露白，则表示催芽成功，可立刻播种。催芽期间，如果湿巾中的水分被吸收完毕，种子显得干燥，可往育苗盘中加适量的水分，以保持种子时刻处于湿润的状态。

C 播种

播种的方式有两种，一种是将其催芽后再移植，另一种就是直接撒入泥土中。直接撒播的方式最简单，将其置于一指深的泥土中即可。而催芽后移植的方式，则先要选用大小适中的塑料盘、玻璃盘等容易作为“育苗盘”，在盘中放入适量培养土，将菜种撒播到容器中，然后覆盖约0.5～1厘米厚的土，切忌将种子藏得太深影响其发芽。

适量的温度、充足的水分和氧气，都是种子尽快“破土而出”的基本条件。所以应将撒下种子的容器放在比较温暖、通风良好的地方，并适量浇水。所谓的适量，通常可理解为一天一次。

移栽

移栽菜苗一定要用专业移栽器具从根部开始挖掘，且挖掘前应给土壤或基质充分浇水，使根部多带土壤或基质，这样能增加根部对土壤的锁水能力，减少对根部的伤害，大大提高移栽后的成活率。另外，移栽时根部不宜掩埋太深，以泥土不接近植株最低端的叶片为主，否则容易烂根。

02

阳光和温度，“开心农场”里的自然气息

如果你要问网上虚拟农场缺点儿什么，那一定是缺可以“闻”得到的自然气息。而这自然气息却恰恰可以在自家开垦的菜园里找到：看着蔬菜在阳光的照耀下茁壮成长，心中自豪感油然而生；而面对复杂多变的气候，在呵护和为蔬菜“祈祷”的同时收获快乐，那感觉怎一个“妙”字了得。不过阳光和温度，这两种客观因素决定着蔬菜的生死存亡和饱满与否，所以还真得好好研究下才行。

光照

不同蔬菜需要的光照强度各异！

A 光照强度对蔬菜生长的影响

人们常说“万物生长靠太阳”，的确如此，在光照条件下，植物才能进行光合作用；而长期未经过光照的植物多半“命不久矣”。不过阳光的照射并不是越多越好，更不是无原则的照射，不同蔬菜对光照强度都有一定要求，只有在光照强度大小适中时才会有利植物的光合作用。

蔬菜根据对光照的不同要求，可分为三种：

· 喜强光蔬菜，顾名思义，这类蔬菜对光照要求很高，越是强光照射长势越喜人，反之遇阴雨天气会产量低、品质差，如番茄、茄子、芋头等。

· 喜中等光照蔬菜，如红萝卜、白萝卜、白菜和葱蒜类蔬菜。

· 耐弱光照射的蔬菜，如生姜、莴苣、芹菜等，在强光下会“发育不良”，反而到了阴凉地长势较好。

B 光周期对蔬菜生长发育的影响

所谓光周期，就是指蔬菜在生长发育的过程中所需要的强光照射长度。比如像白菜、芥菜、萝卜、芹菜、豌豆等长日照蔬菜，虽然有些对光照强度的要求

蔬菜有温度三基点：最低温度点、最适合温度点、最高温度点。

不高，但对光照时间却有严格限制，必须在12～14小时以上的日照情况下才能促进植株开花，在短日照条件下会延迟开花或不开花。

而像豇豆、扁豆、苋菜、丝瓜等短日照蔬菜，需要在12小时以下的日照环境中才能促使植株开花，在长日照情况下会不开花或延迟开花。

而如黄瓜、番茄、菜豆等中光性植物，对光照要求则不严，在长日光和短日光照射下均能正常生长。

温度

在所有影响蔬菜生长发育的环境条件中，以温度对蔬菜的刺激性最大。且各类蔬菜都有其温度三基点：最低温度点、最适合温度点和最高温度点。超过最低和最高温度点，蔬菜就会“一命呜呼”，而即便是没有超过最低点，长期让蔬菜生活在高温或低温环境中，也会使得蔬菜长得参差不齐，严重的会导致落花落果，降低蔬菜产量。

在南方栽种蔬菜，应避免高温暴晒，在高温时节可早晚浇水降温，并采用遮阳网等防晒设备为蔬菜保驾护航；而在北方栽种蔬菜，则应避免冬日冻害，最有效的办法是采用塑料薄膜覆盖，或采用给叶面喷水的方式替代根部浇水，以提高空气湿度降低冻害。

A 环境温度的强度对蔬菜生长的影响

和光照强度一样，蔬菜对温度强度也有要求，而根据各种蔬菜对温度的耐受程度来看，可将蔬菜分为5种：

（1）极度耐寒的宿根蔬菜，像韭菜、黄花菜等，在生长期间能接受高温环境，到了冬天地上部分枯萎致死，地下部分却能越冬，能耐-10℃的低温。

（2）普通耐寒的植株蔬菜，如菠菜、大葱、大蒜等，在15～20℃生长最好，能耐-1～2℃的低温。

（3）半耐寒的蔬菜，如大白菜、小白菜、胡萝卜、白萝卜、豌豆、包菜等，在-1～-3℃的低温环境中还能正常生长。

（4）不耐寒只喜温的蔬菜，像黄瓜、番茄、辣椒等，完全不耐霜冻，但在超过35℃环境中也会生长不良。

（5）不耐寒反耐热的蔬菜，像冬瓜、西瓜、南瓜、刀豆、苋菜等，在35～40℃中仍然能正常生长。

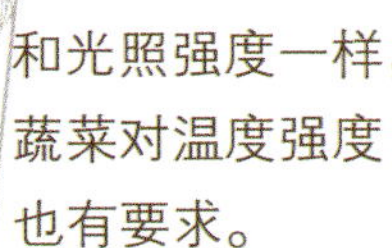

和光照强度一样，蔬菜对温度强度也有要求。

B 环境温度的变化周期对蔬菜生长的影响

所谓温度的变化周期，是指蔬菜在生长发育过程中，所处环境日夜温度周期性变化的幅度与范围。蔬菜生长对于温度的周期有一定要求，比如说白天蔬菜要在较高温度环境中才能有利于光合作用，但在夜晚，蔬菜却需要较低的温度来减少贮藏物质的消耗，以方便运输和贮藏。但日夜温差也有一定的范围，夜晚温度不能太低，因为蔬菜在夜间仍要进行生长，不断地吸收水分和营养。

另外，蔬菜在不同生育期对温度要求不同，大多数蔬菜的种子在育苗时期对温度要求很高，即便是耐寒蔬菜，也要温度达到10℃以上才能正常生长；而进入幼苗期，由于幼苗对温度的适应能力很强，所以可通过日夜温差管理来控制和促进幼苗生长；营养生长盛期是决定产量的关键时期，所以在生长盛期要调节适宜温度来提高产量。

土地温度的变化周期对蔬菜生长的影响

对蔬菜的根系发育来说，土壤温度的高低决定着根系对土壤养分的吸收。一般蔬菜根系生长的适宜温度在24～28℃，土壤温度过低会抑制根系生长，致使蔬菜容易感染疾病；而土温过高，如超过30～35℃以上时，又会导致根系水分蒸发快或生长受抑，根系生长细弱，导致植株早衰。

蔬菜在生长时，冬春控制浇水，以防土地温度降低或霜冻。而炎夏时应用小水勤浇方式降低地温，切忌在高温的盛夏中午突然浇水，使得土地温度骤降而让蔬菜枯萎、死亡。

03

土壤和水分，那些菜赖以生存的根本

如果说家是人的安乐窝，那么土壤和水分就是蔬菜的“养命丸”。根据蔬菜作物种类、可供食用部位的不同，以及蔬菜生长过程中“喜好”不同等特点，蔬菜对土壤营养条件的要求也各不相同。

土壤

A 土壤质地对蔬菜生长的影响

蔬菜生长所需要的水分、养料、空气和温度等条件，有的受外在人为条件制约，有的则可靠土壤直接供给。所谓土壤质地，是指适合蔬菜生长的土壤物质性质之一，它与土壤透气与否、保肥效果良好与否、保水状况如何，以及耕作的难易程度有密切关系。土壤质地是蔬菜正常生长及提高产量的基本条件之一，一般以壤土种菜最为理想。壤土土质松细有序，保水保肥能力强，且土质本身含有多种适合蔬菜生长的营养素，因此壤土能适应大多数蔬菜栽培。

其次是砂壤土，砂壤土土质疏松、透气性良好、排水性也颇佳，且频繁施肥也不易出现土壤板结、开裂等情况，土温能始终保持在适宜的位置，尤其适合用来栽种吸收力强的耐旱性蔬菜，如南瓜、西瓜、甜瓜等。

而黏壤土的土质细密，保水保肥能力强，养分含量高，但缺点是排水性不良，尤其是下雨天若忘记及时给土壤排水，就会导致根部浸泡过久溃烂而死。此外，黏壤土的土表层容易板结开裂、土壤温度很不均衡，适合用来栽种晚熟蔬菜和水生蔬菜。

B 土壤pH对蔬菜生长的影响

土壤的pH是栽培蔬菜必须考虑的条件之一，而所谓土壤pH，就是指土壤溶液的酸碱度。大多数蔬菜在中性至弱碱性的条件下，即pH为6～7.5时最为理想。在pH＜5的酸性土壤中，土壤中的磷酸易与铁、铝离子结合生成不溶物而被沉淀，继而干扰蔬菜对微量元素磷的吸收，影响蔬菜正常生长；但当pH＞7.5时，土壤中的水溶性磷酸根又易与钙结合生成难溶解的磷酸钙，从而降低肥效，使蔬菜出现缺铁症等疾病。

大多数蔬菜喜欢“弱碱性环境”。

虽说大多数蔬菜喜欢“弱碱性环境”，但不同的蔬菜对土壤溶液的酸碱度要求也不同，比如说韭菜、菠菜、菜豆、黄瓜、花椰菜等就喜欢在中性土壤中生活，而番茄、南瓜、白萝卜、胡萝卜等就喜欢在弱酸性土壤中生长，茄子、甘蓝、芹菜等却能在盐碱地中正常生长。测定土壤的酸碱度也很容易，一般用简易pH试纸或石蕊试纸即可，这些试纸在药店就可买到。

水分

蔬菜生长所需水分主要来源于两部分：土壤中的水分和空气中的水分。

水分对蔬菜生长的影响

在蔬菜种植行业有句俗语："肥大水勤，不用问人。"可见水分对于蔬菜生长发育的重要性。通常来说，蔬菜生长所需水分主要来源于两部分：土壤中的水分和空气中的水分。但不同种类的蔬菜，它们的对土壤水分的要求不同，比如说莲藕、茭白等水生类蔬菜根系不发达，吸水能力较弱，但叶片蒸腾作用却特别强，需要消耗的水分极多，所以这些蔬菜得进行水培，且必须在多雨而湿润的气候中才能正常生长。而像黄瓜、大白菜、甘蓝、莴苣等绿色蔬菜，根系分布较浅，叶片却又大又多，也需要消耗大量水分，所以在栽培上必须经常浇水；南瓜、西瓜、甜瓜等蔬菜根系强大，分布很深，吸水力强，且叶片蒸腾作用小，消耗的水分也少，所以即便土壤湿度很小，这类型蔬菜也能正常生长。

此外，不同种类的蔬菜对空气中水分的要求也不同。比如说瓜果类、叶菜类、水生蔬菜等叶片蒸腾作用大，最适宜的空气湿度在85%～95%，因此经常要往蔬菜叶片周围空气中喷洒水雾，以保证蔬菜生长所必需的空气湿度；而白菜类、甘蓝类、马铃薯类蔬菜对空气湿度的要求在75%～80%范围内；茄果类、豆类蔬菜对空气湿度的要求在55%～65%范围内；葱姜蒜等对空气要求在45%～55%范围内。由此可知，对空气湿度要求越小的蔬菜，需要往其叶面周围空气中浇水的次数也应越少。

B 蔬菜生长时期不同，所需水分也不同

一般蔬菜生长要经历4个时期：种子发芽期、幼苗期、营养生长期和生殖生长期。在种子发芽期，对水分要求很高，种子需要吸收足够的水分供其膨胀。比如说胡萝卜、葱等种子，需要吸收种子本身重量的1倍水分才能萌芽，豌豆甚至需要吸收种子本身重量的1.5倍水分才能萌芽。

到了幼苗期，蔬菜叶面面积小、蒸腾作用不大，所以对水分要求不高。但由于蔬菜的根是初生长的，且分布较浅，吸水能力较差，因此只要注重盆土水分管理，让土壤时刻保湿即可。

在营养生长期，蔬菜的营养器官逐步走向成熟，而在这个过程中需要消耗大量的水分和养分。因为蔬菜的营养细胞、组织在迅速增大，养分的制造、运转、积累、贮藏等都需要大量水分，所以在营养生长期要勤给蔬菜浇水。不过，在蔬菜营养生长期浇水也要适量，以防止水分过多导致营养生长过旺，或造成泥土过度湿润淹伤根部。

04

科学施肥料，为居家菜园增加活力剂

和稻谷等作物相比，蔬菜所需肥量较大。但蔬菜的种类繁多，生物特性也各不同，自然对营养的需求也不一样。因此，给蔬菜施肥也应根据其种类不同而采取各异的方案。

蔬菜的生长特性和施肥方法

想要蔬菜茁壮成长主要有三要素：氮、磷、钾。其中，蔬菜对钾的需求量最大，氮为其次，磷的需求量最小，且因为蔬菜种类不同，对不同养分的需求量度也各异。比如说叶菜类蔬菜对氮的需求量较大，但根茎类蔬菜却对钾的需求量较大，而果菜类蔬菜则对磷有较大的需求量。

不仅如此，像小白菜、四季萝卜、苋菜等速生蔬菜，由于生长成熟期短，在某时间段内吸收的养分反而比生长期较长的蔬菜多得多，所以栽种速生蔬菜时可选用速效肥。

且根系发育如何，在很大程度上决定着蔬菜对土壤养分的吸收量。比如说南瓜、冬瓜等根系入土较深，根须较多，根毛发达的蔬菜，能很顺畅地吸收土壤中的养分，并且能在贫瘠的土壤中生长，所以施肥时可“粗略”些；而像洋葱、莴苣等根系分布较浅，吸收土壤中营养物较差的蔬菜，就必须隔三差五地施肥，精心料理才行。

蔬菜的生长时期和施肥方法

除了蔬菜的生长特性决定了所需要的肥料各异外，蔬菜在不同生长时期所需要的肥料也应有所区别。比如说发芽时期，主要是种子在“发力”，靠自身贮藏的养分来萌芽，而对外界养分吸收甚少；但到了幼苗期，其幼苗个体很小，根系尚不发达，吸收养分的数量并不大，但幼苗根部对土壤营养要求很高，可适当施一些稀薄的速效肥料；随着植株不断生长，到达营养生长期和结果期，就可开始大量吸收养分，所以此时应给予蔬菜充足的肥料，且应是有机肥、无机肥交替，氮磷钾肥齐全，叶面喷洒施肥和根部灌溉施肥相结合的方式进行，以让肥料充分发挥作用。

使用传统肥料，最好使用有机肥，如植物叶片腐熟的肥料和动物粪便等。

居家种菜用什么肥料最好

无土栽培使用营养液

居家种菜所用的肥料通常有两种：无土栽培所用的营养液，以及有土栽培所用的传统肥料。无土栽培蔬菜所用的肥料很简单，只要浇灌营养液即可，营养液的配方有不同蔬菜专用型的，也有蔬菜通用型的，家庭种菜可根据实际需要到农艺市场购买。

这里的合理浇灌也有一个度，比如说标准营养液浇灌的原则是“晴天浇、阴雨天不浇；生长前期少浇，结果期多浇”。且营养液可回收循环使用，不过为了最大化使用营养液，可每隔20天左右彻底更换一次营养液。

B 有土栽培使用传统肥料

有土栽培蔬菜可选用传统肥料，也可使用营养液。但如果使用传统肥料则最好使用有机肥，像植物叶片腐熟的肥料和动物粪便等，尽量不用或少用化学肥料。因为化学肥料容易造成盆土板结，使盆土变得偏酸或偏碱。

05

搞定病虫害，清爽打造无公害乐园

辛辛苦苦种植的蔬菜被异物侵害，心疼的感觉可想而知。可是，因为是自己种菜自己吃，太过猛烈的杀虫药又不敢用……那种憋屈的感受着实让人抓狂。不过，只要做好了以下措施，就能轻松搞定病虫害，打造清爽无公害乐园了。

A 给种子杀菌

给种子杀菌的方法很简单，将种子放在温开水或盐水中浸泡，或是在播种前将其放在阳光下晒2～3天，都可大大降低种子将来“生病”的概率。因为水具有清洗的功能，浸泡过程中能带走种子表面的细菌；而阳光本就有杀菌功效，晾晒的过程就可杀死附在种子表面的细菌。

如将瓜果类、茄果类蔬菜的种子放在约55℃的温水中浸泡一刻钟，豆科和十字花科蔬菜的种子放在约50℃的温水中浸泡一刻钟，都能起到给种子杀菌消毒的作用，预防苗期病虫害。当然，也可用盐水浸泡豆科种子10分钟，这种杀菌效果更好，能将混入种子内部的病菌一举歼灭，从而大大提高蔬菜的先天“免疫力”。

B 给盆土杀菌

有机化肥肥效好且持久，所以家庭种菜很多人愿意使用有机化肥。有机化肥也有其缺点——多带有植物病菌和滋生虫害。所以家庭使用的有机化肥，应在使用前1～2个月将其稀释、堆积、盖膜，让其充分发酵腐熟，且在发酵期让温度高达70℃，可有效杀灭肥料中的病虫害。在使用时，可将有机肥进一步稀释，主张实行“量少多次”的方针，以减少肥料对土壤细菌的威胁。

物理措施也能防病虫害。

三

惬意种菜小道具

用来养花种菜的花盆形态万千，各自有其特点。且好的花盆不仅能为蔬菜根部提供良好的伸展空间，助其正常生长，还能增加种菜人的审美情趣，提高“农场主”种菜的热情。但花盆不一定要全部去农艺市场购买，除了传统的花盆、花槽等专业容器外，只要足够坚固，能提供足够蔬菜生长的空间和排水通道，几乎任何容器都可用来种菜。

01 可爱花盆，变废为宝，低碳种菜好时尚

变废为宝，可爱花盆趣味多

一次性纸杯或塑料杯、酸奶杯、小型饮料瓶等，都可用来播种或育苗，也可用来栽种一些像青葱之类的小型蔬菜；用完的大号油桶，可用来种植根系较深的蔬菜；而装家用电器的泡沫箱或大木箱等，体积都比较大，无论是放在阳台上还是放在天台上，都能达到理想的地栽效果。还有浴盆、提桶、坛子、烧烤盆、轮胎、

排水管等，都可经过改装后充分利用。

但需要说明的是，无论选用什么容器做花盆，一定要保证底端有排水孔，如果排水不良，会让蔬菜的根系在泥土中浸泡窒息而死。但是排水孔也不能过多或过大，否则排水过快会让植物缺水枯死。通常来说，自制的花盆只要在容器底端钻4～5个直径约1厘米的排水孔，然后铺上碎瓦片、窗纱之类的东西垫盆就可以了。

种菜花盆挑选小窍门

无论是去农艺市场挑选成品花盆，还是自己亲手自制花盆，都要慎用黑色，因为黑色超级聚热，有可能损害植物根系。但如果只有黑色容器利用，最好在种菜前将容器外侧涂一层颜色较浅的油漆，或是将容器直接遮蔽起来，避免夏日太过强烈的阳光直射。

无论用什么做花盆，一定要保证底端有排水孔。

此外，种菜容器的大小很重要，宁愿选择稍大点的，不能让蔬菜根部感觉“憋屈”，大点的容器不仅有充裕的地方放肥料，而且蓄水量也很大，能为蔬菜根部提供充分活动空间和充足的营养。就拿西红柿、辣椒、菜豆为例，一般需要15～20升左右的容器，宁大勿小。当然，在购买种子时可向卖主咨询下大概需要多大的容器，这样可更方便准确地照顾蔬菜。

02

喷水壶，忠诚园丁选购有讲究

居家种菜应准备两把浇水壶，一把莲蓬式洒水壶，一把喷雾器。莲蓬式洒水壶能将水均匀地浇洒到植物的叶片上，顺道清洁叶片上的灰尘。莲蓬式洒水壶也可以自制，方法很简单，取一个空的饮料瓶，用烧热的细铁丝在瓶盖上烫出适量小孔，或用钉子直接在瓶盖上钉出若干孔，然后往瓶子中装满水即可当作莲蓬式洒水壶使用了。但也有些叶片肥厚，或叶片上有绒毛，或不适合直接沾水的蔬菜，此时就需要采用尖嘴喷水壶了，这种尖嘴喷水壶做起来也很简单，只要在瓶盖上打一个孔即可。

喷雾器的作用很多，如冬天室内开空调，空气很干燥导致叶片很容易干枯，需要喷洒水雾增加蔬菜周围空气的湿度，让蔬菜正常生长；还有夏天热浪滚滚时，需要给蔬菜周围的空地降温，以减少蔬菜叶片中水分的蒸发；另外，还有些生性喜好潮湿环境的植物，也需要适时利用喷雾器在叶面制造细小水雾，以保持生长所需的滋润。不过，如果要全家远游，那喷水壶就无法起到给蔬菜浇水的作用了。这时不妨再选一些比栽种蔬菜更大的花盆，将小花盆套入大花盆中，让水分通过砂土的渗透作用不断地供给花卉，满足它们生长需要。

第二章

谈情说菜，64款年轻人最爱美蔬详解

叶菜类 勤快耕作立等可收

叶菜类蔬菜是老百姓餐桌上的常客，
它们含有人体所需的钙、铁等元素，还是人体健康所需矿物质的重要来源。
另外，叶菜类蔬菜还富含纤维素，
不仅有助消化和吸收，还能防治便秘。

小白菜

·易·养·指·数
★★★★☆

在我国，小白菜是南北均可栽种的“大众菜”，属一年生草本植物。植株个头小，根系浅，但根须发达，以叶片为最佳食用部位。在众多蔬菜中，小白菜所含矿物质和维生素最丰富，对增强人体免疫力、保持血管弹性、润泽肌肤、延缓衰老都具有很好的功效。

“菜”鸟课堂

宜栽领地 全国各地均可种植。

美蔬档案

温度： 小白菜一年四季都可栽种，且耐热耐寒能力都很强，一般种子在30℃情况下能正常发芽。

湿度： 小白菜需要在保持湿润的条件下生长，但其根吸水能力弱，不宜湿度过大，那样可能使其烂根。

施肥：小白菜对土质要求不高，但以富含有机质的黏土最佳，且在生长期间要多次追加氮肥。

适宜人群 勤快，且愿意花大把时间打理菜园的人。

美味地头 阳台

开心栽培

（1）杨乃武的“小白菜”命运悲惨，可我的小白菜却幸福无比，因为有我为它遮风挡雨。我家阳台上种的清一色小白菜，种子撒下去没几天就钻出一堆芽尖儿，煞是可爱！

（2）小白菜的根系浅，自主吸水能力不够，所以要给它浇足水，始终保持盆土湿润但不过度。看看咱家长得欢欢喜喜的小白菜秧苗，是不是特“友爱”？

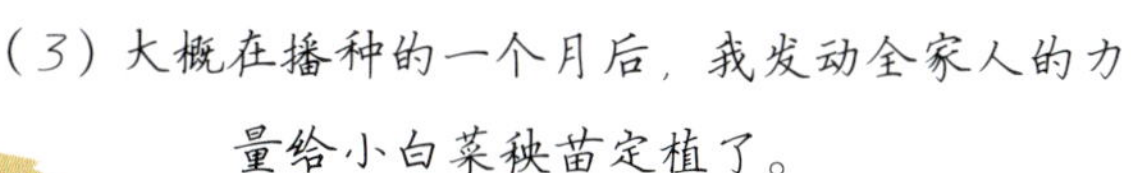

（3）大概在播种的一个月后，我发动全家人的力量给小白菜秧苗定植了。

（4）小白菜需要多次追施速效氮肥才能生长得更好，所以这事断不能马虎。不过据我的经验总结，给小白菜定植后一定要及时追肥，因为这时秧苗换了环境，需要更多营养物来帮助恢复“精神”。

（5）转眼间小白菜长高了，别人说当小白菜外边叶片色彩开始变淡时就可采摘了，于是我迫不及待地摘了两把尝尝鲜。

油麦菜

·易·养·指·数

★★★★☆

油麦菜是叶用莴苣的一个变种，与我们熟悉的生菜相近。它色泽淡绿，长势强健，抗病性强，口感鲜嫩、清香。油麦菜含有大量维生素和钙、铁、蛋白质等营养，具有降低胆固醇、治疗神经衰弱、清燥润肺等功效。

“菜”鸟课堂

宜栽领地 全国各地均可栽种。

美蔬档案

温度：油麦菜耐热耐寒，适应性很强。种子发芽温度适宜在15～20℃，这也是油麦菜生长的最佳温度。

湿度：油麦菜需水量不大，一般一周浇水一次，种植湿度适中，不宜太过干燥，同时也不宜太过湿润。

施肥：定植施肥要充足，一般选择厩肥、尿素、硫酸钾或草木灰等。

采收：油麦菜成熟周期很快，通常一个月左右，当植株叶片多达30片时即可采收。

适宜人群 不必勤快但是细心、乐于分享的种菜人。

☆油麦菜能耐热，也能耐寒，适应性很强，一年四季均可播种。且在播种时应尽量选择颜色新鲜、个头饱满的种子，并将种子翻晒、催芽，增强种子的先天免疫力。

生菜

生菜属菊科莴苣菜种，最早是希腊人食用，后传入我国东南沿海，现在已经是传遍全国各地。生菜可以清热安神、清肝利胆，有养胃的功效。它还是减肥的理想食品，生食或常食都有利于女性保持苗条身材。

“菜”鸟课堂

宜栽领地

全国各地均可种植。

美蔬档案

温度：结球生菜性喜冷凉的气候，生长适温为15～20℃，最适宜昼夜温差大、夜间温度较低的环境。结球适温为10～16℃，温度超过25℃，叶球内部会因高温引起心叶坏死腐烂，且生长不良。

湿度：生菜栽培需要充足的水分，如果干旱，不仅菜的球状叶子长得小，而且叶子会有点苦。但是栽培水分也不易过多，过多会造成生菜烂根而死。

施肥：以底肥为主，底肥足时生长前期可不追肥，至开始结球初期，随水追一次氮素化肥促使叶片生长；15～20天追第二次肥，以氮磷钾复合肥较好，每亩约用15～20千克；心叶开始向内卷曲时，再追施一次复合肥，每亩用20千克左右。

适宜人群

勤快，且愿意花大把时间打理菜园的人。

·易·养·指·数

★★★★☆

☆定植栽培时，要注意挖好沟槽，这样便于存水及水分充足时的排水，且定植要及时追加肥。

木耳菜

·易·养·指·数

★★★★☆

木耳菜又名西洋菜、豆腐菜，其叶子近似圆形，滑腻而肥厚，不仅外形酷似木耳，口感也如木耳一般清脆爽口。木耳菜营养价值极高，里边含丰富的钙质和铁，有清热解毒、降血压、利尿的功效。一般可作汤菜、爆炒、凉拌等，味道清香爽口，颇有木耳的风味。

“菜”鸟课堂

宜栽领地 木耳菜在南北方都能普遍栽培。

美蔬档案

温度： 木耳菜性喜暖，不耐严寒。种子发芽的适宜温度为20℃左右，生育适温为25～30℃。即使高温在35℃以上，只要水分不缺，仍能正常地长出叶子，然后开花结子。

湿度： 木耳菜原产地是印度，耐湿性较强。一般在高温且多雨的季节长势较好。

施肥： 木耳菜对土壤的适应力很强，一般中性或者偏酸性的疏松土壤都很适合其生长。木耳菜生长速度较快，且是多次采收的蔬菜，每次收货后，应及时追施复合肥或者其他速效性肥料。

适宜人群 不需要太勤快，但一定要细心的种菜人。

菠菜

·易 ·养· 指· 数
★★★★☆

提起菠菜，会让我们想起动画片《大力水手》里大力水手吃菠菜后的强大力量。菠菜原产波斯，后传到中国。它属于耐寒性蔬菜，长日照植物。菠菜营养丰富，能增强抗病能力，促进生长发育能力，疏通肠道。

“菜”鸟课堂

宜栽领地 南北方均可栽种。

美蔬档案

温度：菠菜在5℃以上环境中即可播种，最佳生长温度为20℃左右，耐寒性很强，冬季气温在-1℃时可安全越冬。

湿度：菠菜叶很嫩，这就要求其湿度够高，但又不能太高，保证菠菜拥有充分的水分即可。

施肥：菠菜一般施氮肥，如五氧化二磷、氮化钾等。菠菜施肥切记不要将肥料撒在叶心里，以免烧死。

适宜人群 不需要太勤快但一定要细心的种菜人。

美味地头 天台

开心栽培

（1）阳春三月，播下了菠菜种子。菠菜的耐寒性可是非常强的，在春天播种，即使还有点寒意，但我却不用天天担心它跟我一样怕冷了。嫩嫩的小芽长得多可爱。

（2）菠菜长得很慢，看着它们从土里倔强地探出小脑袋，心中欢喜得很。每天早上给它们浇一次水，看着它们喝饱了生机勃勃的样子，这就是我一天中最开心的时刻。

（3）对了，我种小菠菜的土一半是普通土，一半是腐叶土，浇水的时候，我有时会浇一些淘米水，看看长出来会不会有米脂香，哈哈！

（4）早上照例去给菠菜浇水，发现朝阳的菠菜特别新鲜蓬勃的样子，啊，终于出落得亭亭玉立了呀！

（5）看着自己种出来的新鲜菠菜，内心别提多自豪了。可是阳台上种菜几乎都有一个问题：就是种出来的菜不够一筷子的。看来，要多开辟些领地了。

☆菠菜以撒播为主，早秋播种的一般要浸种，且在15～25℃条件下发芽，播后一般用浅土盖住或浇些粪水，保证肥料及土壤的湿度

☆因为菠菜是叶菜类中较柔弱的一种蔬菜，故种植菠菜土壤必须要弄软，土粒要捣鼓细匀。

苋菜

·易·养·指·数
★★★☆☆

☆施肥完毕要即刻用清水喷洒叶面，清洗滞留于叶面上的肥分，以防阳光暴晒下叶面上的肥分浓度过高引起烧苗。

苋菜富含容易被人体吸收的钙质，不仅对骨骼和牙齿的生长起到促进作用，还能维持正常的心肌活动，除此之外还含有丰富的铁质、钙质和维生素K等。用苋菜煮汤或者炒食，能帮助人体补血益气，保健功能显著。

“菜”鸟课堂

宜栽领地 全国各地均可栽种，但以南方栽种条件为佳。

美蔬档案

温度：苋菜只适宜在温和的气候条件下生长，一般每年4～6月为其生长适期。由于苋菜的生育适期短，故一般宜采用直播方式栽培，可于“雨水”至“惊蛰”时节播种。

湿度：苋菜对水分比较敏感，要是水分处理不当，则很可能会出现叶片萎缩、植株矮小的现象，而且难以恢复。尤其春季气温低，水分多，这时候一般应控制浇水。

施肥：待晚春气温回升，最低温度达16℃以上时再提前到清早浇水施肥。如果遇连续阴雨天气，则应做好排水工作，并且停止施肥，以防水分过多，缺氧烂根。

适宜人群 勤快，而且愿意花大力气打理菜园的人。

芥蓝

·易·养·指·数

★★★★☆

芥蓝原产于我国南方，栽培历史悠久，是我国的特产蔬菜之一。芥蓝主要以肥嫩花及嫩叶供食用，质地脆嫩，清甜爽口，风味别致，营养丰富，其营养价值在蔬菜中名列前茅，具有利水化痰、解毒祛风、除邪热、解乏劳、清心明目等功效。

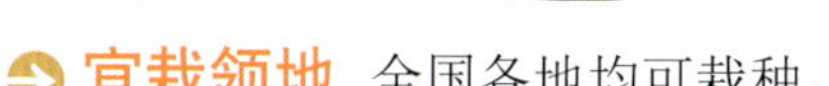

“菜”鸟课堂

宜栽领地 全国各地均可栽种。

美蔬档案

温度： 芥蓝喜凉，整个生育期以15～25℃为好，忌高温炎热天气。不同生育时期对温度要求有所差异。芥蓝的栽培以气温由高到低的夏秋季节最为适宜。

湿度： 芥蓝喜欢湿润，不耐干旱，必须保持一定的湿度，在刚开始生长期要求土壤湿度在70%左右。不过芥蓝不耐涝，湿度过大会影响根系生长。

施肥： 芥蓝施肥主要以氮磷钾为主，主要吸收钾元素，磷最少，幼苗期施肥量较少，生长较缓慢。着重有机肥的使用。

适宜人群 勤快，且愿意花大把时间打理菜园的人。

菜经秘授

☆种植芥蓝要经常注意保持水分充足，在初期施速效肥较好，且注意蔬菜之间生长的间距，保证蔬菜不受挤，能够茁壮成长。

☆芥蓝几乎全年可播种，但以春播3～5月，秋播8～10月产量最佳。

茼蒿

·易·养·指·数

★★★☆☆

趣玩延伸

☆宋徽宗时代，朝中有四大奸臣：童贯、蔡京、高俅及何执中。而民间百姓为了发泄愤懑做了一首打油诗："杀了茼蒿割了菜，吃了羔儿荷叶在。"杀茼蒿指童贯，割了菜指蔡京，其余分别指另两人。

茼蒿又名蓬蒿、菊花菜，因其叶子长相如菊花的叶子而得名，花形分叉。茼蒿的药性效果很好，有清血、养心、降压、润肺、清痰的功效。其香味比较特别，菜味不比一般叶菜甘甜。茼蒿的茎叶都可以食用，食用时有蒿之清气、菊之甘香，口感鲜香嫩脆，其胡萝卜素成分超过一般蔬菜。

"菜"鸟课堂

宜栽领地 全国各地均可栽种。

美蔬档案

温度：茼蒿性喜冷凉，不耐高温，生长温度在20℃左右最宜，12℃以下生长缓慢，29℃以上生长不良。茼蒿对于阳光要求不严格。

湿度：茼蒿栽培以沙土为好，土壤要保持湿润，但同时湿度不宜过大，以防茼蒿烂根。

施肥：选择土层深厚、疏松湿润、有机物质丰富、排灌方便、保水保肥力好的土壤，主要施腐熟粪肥较好，且要注意提前翻土，以保证营养的吸收。

适宜人群 勤快，且愿意花大把时间打理菜园的人。

红凤菜

·易·养·指·数
★★★★★

红凤菜又名紫背天葵、观音苋，属多年生宿根常绿草本植物，以嫩茎、嫩叶为主食部分。红凤菜营养丰富，风味独特，常食有净化身心、消脂补血的功效。红凤菜栽种起来非常容易，极少滋生病虫害，是集观赏与食用于一体的人气蔬菜。

“菜”鸟课堂

宜栽领地 全国各地均可种植，尤其以南方湿润环境最佳。

美蔬档案

温度：红凤菜喜温暖湿润的环境，生长适温为20～25℃。其抗旱能力强，在35℃以上高温下仍能正常生长，但不耐霜冻，温度在5℃以下会被冻伤。

光照：红凤菜对光照条件不严格，较耐荫，但如果给予其直射光照更好。

土壤：红凤菜喜湿润的生长环境，能耐瘠薄，一般壤土中均可存活，但以砂质壤土中长势最好。

适宜人群 追求产量高、无虫害蔬菜的完美种菜人。

鱼腥草

鱼腥草整个植株都散发腥臭味，它既是一种传统药用植物，又是一种常见的野生蔬菜。鱼腥草生命力极其旺盛，只要将其根茎插在湿润的地方它就能成活。鱼腥草当做蔬菜食用的部分是其嫩茎叶和地下茎，可在夏秋季节将全草连根拔起，洗净晾干后食用。

·易·养·指·数

★★★★★

趣玩延伸

☆传说越王勾践卧薪尝胆发誓要振兴越国后，正好遇上罕见的荒年，百姓无粮可吃。为了渡过难关，他们到处寻找可食用的野菜，在历经多次食野菜中毒后，终于发现了一种带有鱼腥味的可食用野菜，并靠这种草渡过了难关。

“菜”鸟课堂

宜栽领地 全国各地均可种植，尤其以南方湿润环境最佳。

美蔬档案

温度： 鱼腥草生长前期的温度以15～20℃为好，地下茎成熟期的适温为20～25℃。

光照： 鱼腥草喜阴湿的环境，在生长发育期间需时刻遮阳，以避免植株水分过分蒸发。将鱼腥草和玉米等作物套种是个不错的方法，即可遮阴又能大大节省菜园空间。

湿度： 鱼腥草对水分需求量高，要求土壤相对湿度在80%左右，空气相对湿度在50%～80%，所以要经常给其叶片和周围空气喷洒水雾。

适宜人群 追求赏食两用植物的的菜人。

芹菜

·易·养·指·数
★★★☆☆

芹菜属伞形科植物，散发着浓郁香气。它性凉、味甘辛，具有清热除烦、利水消肿、平肝降压、镇静心神等功效。此外，芹菜还是高纤维食材，常吃芹菜对预防高血压是很有益处的。另外，值得一提的是芹菜叶比芹菜杆营养更丰富！

“菜”鸟课堂

宜栽领地 南北均可栽种，但以在华北地区露地栽培最佳。

美蔬档案

温度：芹菜性喜冷凉、湿润的气候，属半耐寒性蔬菜，不耐高温、干燥，可耐短期零度以下低温。

湿度：芹菜喜欢湿润的环境，因此，播种后覆土宜匀宜薄，苗土要保持湿润，一般可隔1～2天早晚浇一次水，直到苗出齐。春、秋播种可不搭遮荫棚，要勤浇小水，以利出苗。

施肥：在芹菜生长期适时喷洒蔬菜壮茎灵或施腐熟有机肥，可使植物杆茎粗壮、叶片肥厚、叶色鲜嫩，同时可提高芹菜抗灾害能力。

适宜人群 不必勤快但是细心、乐于分享的菜农。

☆造成芹菜烂根主要原因是连年重茬，使土壤中某些营养成分缺乏，影响芹菜幼苗生长；苗床土壤没有消毒，使有害病菌继续蔓延；施用未发酵农家肥，助长了病菌、虫卵的传播，从而严重危害芹菜生长发育。

根茎类 “地下蓬勃”最宜出差族

根茎类蔬菜比叶菜类蔬菜的淀粉含量高，可以给人体提供较多的热量。冬天将胡萝卜、生姜、马铃薯、莲藕、芋头等根茎类蔬菜，与羊肉、牛肉等炖着吃，御寒效果极好。而且根茎类菜因生长周期较长，适宜出差一族种植。

樱桃萝卜

·易·养·指·数

★★★★☆

樱桃萝卜是一种小型萝卜，因其外形与樱桃很相似，故取名樱桃萝卜。樱桃萝卜生长迅速，外形和颜色使其具有观赏价值。樱桃萝卜含糖、蛋白质、粗纤维、维生素及钙等营养物质，适于生吃。其性干凉，能通气宽胸、健胃消食、解毒利尿。

“菜”鸟课堂

宜栽领地 全国各地均可栽种。

美蔬档案

温度：樱桃萝卜的生长适宜温度在5～25℃左右，种子发芽温度稍高，一般在20～25℃，长根茎时温度可偏低。

湿度：樱桃萝卜的生长要求均匀的水分供应，发芽期间，水分不宜过多，保证能长芽即可，生长期间，应保证土壤湿度，若长期干旱，根茎生长缓慢。

施肥：樱桃萝卜喜欢钾肥，施钾肥的同时，搭配相应的氮肥、磷肥，可以使其更好地生长。

适宜人群 对栽培蔬菜非常有耐心的种菜人。

美味地头 阳台

开心栽培

（1）看到邻居家阳台上的菜菜居然真的长出来了，我深受震撼，于是找出泡沫箱也开始了我的种菜之旅。跟邻居取经，播下了樱桃萝卜种子，施了适量钾肥，没几天，小芽芽就冒了出来，还不错吧？

（2）看到小芽倔强地长着，很受鼓舞，经常一边给它们浇水一边唱歌给它们听，希望它们快快乐乐的，早点结出可爱的果实。貌似这个时候的樱桃萝卜苗根部已经有点泛红了。

（3）叶子继续长大中。叶缘像张开的双臂那样舒展着，很精神。邻居阿姨说，浇水可不能想起来就浇，必须要均匀。在我的悉心照料下，我的樱桃萝卜长势多好！

（4）有天早上，我看到第一颗樱桃萝卜冒头，当时别提多激动了！红艳艳的，像颗红宝石般半掩在泥土里，一副含羞的样子，让我雀跃不已！呵呵，这是我种的吗？

（5）这樱桃萝卜真是好养啊，生长周期短，对肥料种类和数量要求又不严格。基本上我都是以基肥为主，都很少追施肥料了。

（6）樱桃萝卜的速度真是快，瞧瞧，丰收了！亏得我经常给它除草，保持土壤的肥沃，它也没辜负我。看，嫩绿的叶底，结着一颗颗圆溜溜、晶莹红亮的小萝卜，成就感爆棚！今天晚上要吃什么呢？红宝石，就是你啦！

菜经秘授

☆樱桃萝卜春季播种，要求土壤疏松、肥沃、通透性好，因为春天萝卜的生长速度快，这些要求是对樱桃萝卜生长的保证。

☆樱桃萝卜种子在初次进入土壤时，要加上薄膜封盖，晚上还要加上草垫，这是为防止在春秋季早晚时间温度过低，影响萝卜种子的发芽。

芋头

·易·养·指·数

★★★☆☆

芋头是大家餐桌上的一道美食，营养非常丰富，含大量的淀粉、矿物质及维生素，既是蔬菜，又是粮食，由于芋头的淀粉颗粒小，极易消化。

“菜”鸟课堂

宜栽领地 种植范围较广，全国各地均可种植。

美蔬档案

温度： 芋头的球茎萌发时，温度可定在10℃左右，当到了幼苗期生长适温则升为20～25℃，发棵期生长适温也要20～30℃。不过昼夜温差较大反倒有利于球茎的形成，球茎形成期时白天在28～30℃，夜间在18～20℃最适宜。

湿度： 芋头生长期要求有一定水层，幼苗期水层3～5厘米。叶片生长盛期，水深更是要达到5～7厘米为好，收获前6～7天要控制水的浇灌。

施肥： 芋头是喜肥作物，有机质丰富的肥料最好。

适宜人群 不勤快但细心之人。

铜钱草

·易·养 指 数

★★★★★

铜钱草又名香菇草，属多年生湿生草本作物。铜钱草叶片滚圆，生命力非常旺盛，无论是土养还是水培存活率都非常高。且铜钱草地下根茎生长迅速，每节都可新生根和叶，到夏秋天还可开出黄绿色的小花朵。铜钱草的根茎叶都可当蔬菜食用，具有清热除湿、利尿解毒的作用。

“菜”鸟课堂

宜栽领地 全国各地均可种植。

美蔬档案

温度： 铜钱草喜温暖潮湿的环境，但不耐寒，在10～25℃的温度环境中生长良好，越冬温度不低于5℃。

光照： 铜钱草不争光，但若每天让铜钱草接受4～6小时的散射光照，或者给予它8～10小时的人工光照，会让铜钱草长势更好。

施肥： 铜钱草不易患病，也较少受到病虫害的侵袭，所以不必费心思除害。只需在其生长旺盛期，每2周追肥一次，保证土壤或水质呈微酸性或中性即可。

适宜人群 追求赏食两用植物的种菜人。

红薯，俗称山芋、甘薯，它富含可食纤维、维生素、淀粉等人体必需的营养成分，是具有良好保健功效的食物。且红薯栽种简单，只要为其提供足够宽阔的盆土面积即可，且红薯成熟前，红薯叶也是一道美味菜。

“菜”鸟课堂

宜栽领地 全国各地均可栽种，但以淮海平原、长江流域和东南沿海各省居多。

美蔬档案

温度：红薯喜温怕寒，在16～32℃之间育苗。高温对薯块萌芽生长是有利的，幼苗阶段气温合适于27～30℃，培育壮苗时，温度可低一些，以22～25℃为宜。薯苗栽插后需有18℃以上的气温始能发根，低于15℃时，茎叶生长便开始萎靡不振了。

湿度：相比较而言，红薯对水分的要求不多，自身较耐旱。如果在收获前2个月内水量加大的话，反而会遭受涝害，其产量、品质都会下降。

施肥：本身对土壤的要求较高，透气排水好的壤土和砂壤土会利于根系发育、块根的形成和膨大。肥料重点需要需钾，其次为氮、磷。堆肥、绿肥的养分较全，肥效缓而稳，且能改进土壤的通气性，最宜施用。

适宜人群 不必勤快但需细心的种菜人。

青花菜

青花菜又名青花椰菜、西兰花，是一种非常受人欢迎的日常蔬菜。青花菜为一二年生草本作物，与白菜花同属甘蓝的变种。从外形上看，青花菜比白花菜粗糙，但其营养价值和口感都比白花菜更胜一筹，且青花菜容易消化吸收，也易于栽培，因此颇受居家“菜农”的喜爱。

·易·养·指·数
★★★★★

宜栽领地 以华南地区栽种最为适合。

美蔬档案

光照：青花菜属低温长日照蔬菜，在生长过程中要接受充足的阳光，否则花球会变得瘦小。且青花菜种子也具有向光性，只有在光照充足条件下才发芽良好。

施肥：青花菜对硼、锰、镁三种元素需求敏感，若缺失会导致花球品质下降。在花球形成期间，可每隔20天追肥一次。

温度：青菜花喜温和凉爽的气候，不耐高温，种子发芽温度为10～35℃，茎叶最佳生长温度为15～25℃，花蕾最佳发育适温为15～18℃。

适宜人群 喜欢大果实蔬菜的种菜人。

☆青花菜播种前应先将种子用百菌清浸泡消毒，育苗出土后要及时给幼苗根部覆盖一层细土。

球茎甘蓝

·易·养·指·数
★★★☆☆

☆球茎甘蓝在生长球茎时期容易疯长叶子，此时要采取深坑蹲苗，保证叶子的生长，同时要能使食用球茎生长得到机会。

球茎甘蓝一般称作苤蓝、芥蓝头，以肥大的肉质球茎为食用材料。原产于地中海沿岸，现在我国各地均有栽培。球茎甘蓝的球茎长在叶子的中间，比较奇特，其有绿色、绿白、紫色等几种颜色，很是漂亮。球茎甘蓝含有的维生素含量极高，还有解酒的功效！

“菜”鸟课堂

宜栽领地 全国各地均可栽种。

美蔬档案

温度：球茎甘蓝喜欢温暖和湿润，但也耐寒，同时有适应高温的能力，一般在15～25℃的温度环境中生长最佳。幼苗可在0～10℃的温度环境中，通过温化后抽薹、开花及结果。

湿度：球茎甘蓝在初期生长时，不需大量的水分，但在球茎生长期间，要适宜浇水，保证球茎生长的需求，但同时不能水淹球茎，因其对阳光需求较大。

施肥：球茎甘蓝属于喜肥和耐肥植物，肥料吸收量较普通蔬菜更多。尤其在幼苗生长期需求大量氮肥，结球生长期有需要大量磷钾肥，且氮磷钾的比例为3∶1∶4，只有按照正常比例施肥，结出来的甘蓝球才会紧实，口感才会更好。

适宜人群 对打理菜园有耐心的种菜族。

牛蒡是一种药食两用的优秀植物，牛蒡的营养及保健价值使其成为高档蔬菜，如今在日本韩国及东南亚深受人们喜爱，它可与人参媲美，有“东洋参”的美誉。牛蒡中所含营养物质在蔬菜中所占比例很高，有疏风散热，清热解毒等重要功效。

宜栽领地 南北区域均可栽种。

美蔬档案

温度： 牛蒡生长适应性强，耐热又耐寒，种子生长期适宜温度20℃～25℃，生长期温度与此相接近。春秋季节种植，春季要在霜冻结束后种植较好。

湿度： 牛蒡幼苗不耐旱，在早期要相应地浇水，在生长期间，湿度不宜过高，牛蒡生长需排水系统好。

施肥： 牛蒡的生长，要在前期施腐熟肥，在后期可以追加肥料，一般是以尿素为主，采用挖孔方法进行施肥。

适宜人群 对于打理菜园有着十二分耐心的种菜族。

·易·养·指·数

★★★☆☆

菊苣

·易·养·指·数
★★★★★

☆生长期的菊苣虽不耐高温，但处于幼苗期的植株却有较强的耐高温能力，生长适温在20℃～25℃。

菊苣又名明目菜、咖啡草，属多年生草本作物，多以地下根、嫩叶、叶球、叶芽为蔬。菊苣为药食两用植物，菊苣叶可调制成生菜，根部可提制代用咖啡，具有清热解毒、利尿消肿的功效。菊苣有结球类型和散叶类型，散叶类型栽种较复杂，而结球类型栽种很少受季节限制，可随时栽种。

"菜"鸟课堂

宜栽领地 我国华中、华北等地。

美蔬档案

光照： 菊苣生长需要充足的光照，肉质根才能生长得充实，所以可以每天给予一定的直射光照。

温度： 菊苣属半耐寒性植物，在17～20℃时生长最佳，地上茎叶能耐短期-2～1℃的低温，但地下根却具有很强的抗寒能力，只要根皮不直接接触霜冻就能安全越冬。

湿度： 菊苣喜温润的环境，对水分要求高，播种时若水分不足会延迟发芽时间。所以可根据"见干见湿"的原则浇水，充分保证水分的供给。

适宜人群 想要常年都有收获蔬菜乐趣的种菜人。

山药

·易·养·指·数
★★★☆☆

山药属多年生草本植物，块根富含淀粉和蛋白质，做汤、炒吃皆可。且山药种植不费力，根部耐寒性极强，可就地贮藏越冬，到第二年天气转暖时再采收。

“菜”鸟课堂

宜栽领地 除东北和西北等地，其他区域均可栽种。

美蔬档案

温度： 山药为多年生宿根性蔓生植物，喜温暖的气候，块根在10℃以上开始发芽，茎叶在25～28℃生长最为良好，块茎在20～24℃时膨胀最快。

湿度： 山药很不耐涝，宜在排水良好、疏松肥沃的壤土中生长。

施肥： 有机肥为主，无机肥为辅。如果基肥施用较多，则少追肥或者不追肥，为确保山药高产，一般追施2～3次，在地上植株长到1米左右时追施一次高氮复合肥，以后每隔一星期左右追施一次，3次即可。

适宜人群 有耐心的种菜人。

马铃薯又名洋芋、土豆，属一年生草本组作物，通常取其块茎食用。马铃薯营养丰富，无论是用来当做主食还是当做蔬菜都美味可口，且马铃薯对环境适应性较强，很适合刚开始学种菜的人。

马铃薯

·易·养·指·数
★★★★★

“菜”鸟课堂

宜栽领地 全国各地均可。

美蔬档案

光照：马铃薯是喜光作物，可每天给予马铃薯11～13小时的长日照，在生长期光照不充足会导致块茎形成缓慢，且抗病能力差。

温度：马铃薯最佳生长温度为16～18℃，以不超过21℃为好。马铃薯耐寒性差，在4℃以上可正常储存和越冬，低于0℃则容易产生冻害。

湿度：在马铃薯块茎形成期需水量较大，可让土壤中保持80%的水分，等到结薯末期，则可降低至60%。

适宜人群 没有很多种菜经验的种菜人。

凉薯

·易·养·指·数
★★★★☆

凉薯，原产于热带美洲，现我国热带地区种植较普遍。凉薯的食用部位是其长在地下的根茎块，黄色皮质，肉白色。凉薯含有丰富的糖类、蛋白质和维生素C，可以生吃或者熟食，有清凉去热的功效。

“菜”鸟课堂

宜栽领地 热带地区，我国西南地区、广东广西。

美蔬档案

温度：凉薯喜欢温暖，耐热性能强，一般生长温度在25～30℃，尤其是开花结果期间，需要温度更高。

湿度：凉薯生长在砂质土地较适宜，但是要求有充足的水分，一般在播种期间，隔几天要浇水，特别是在开花和根茎生长期间，水量要求更多。

施肥：种植前，要施腐熟肥料，在出芽后追加尿素肥料，待其开花后，追加复合肥。

适宜人群 有耐心的种菜人。

胡萝卜

·易·养·指·数

★★★★☆

胡萝卜的外形酷似人参，而且营养价值高，能增强人体的抵抗力，无论是作为主菜还是配菜，都能很好发挥促消化的作用。

“菜”鸟课堂

宜栽领地 土壤深厚肥沃的地方，以云南等地最为适宜。

美蔬档案

温度： 一般来说，15～25℃为胡萝卜最好的成长环境。且胡萝卜为半耐寒蔬菜，发芽适温在20℃左右。

湿度： 胡萝卜根系发达，是一种比较喜潮湿的蔬菜，因此应深翻土地和经常浇水以保持土壤湿润，这对于促进根系旺盛生长至关重要。

施肥： 胡萝卜生长前期对肥料吸收很慢，之后随着肉质根迅速生长才会吸收大量水分。且因其根系很深，所以用肥种类稍复杂，施腐熟的底肥和稀薄的粪肥，过磷酸钙再加一些草木灰。

适宜人群 对栽培蔬菜非常有耐心的人。

☆胡萝卜选择播种的时期一般选在4月中旬。若播种过早，胡萝卜种子的地上部分会因春化作用而抽薹开花；而播种过迟，又会使肉质根部纤维化而降低口感。另外，水分过于缺乏，或病虫害严重时也会引发胡萝卜早期抽薹，所以一定要做好胡萝卜生产期的防护工作。

瓜果类 三分热度懒人最爱

瓜果类的食物中主要成分是水，
可占到70%～80%左右，补充身体水分是再好不过了。
像黄瓜、菜瓜等都是可以当做水果来吃的。
其次成分是纤维，有素10%左右，对于修身塑形可是很有帮助的！

·易·养·指·数
★★★★☆

丝瓜属双子叶植物药葫芦科植物，起源于热带亚洲，原产于印度尼西亚，大约在宋朝时传入中国，成为现在人们日常餐桌上常吃的蔬菜。目前，供蔬菜用的丝瓜主要有两种，即普通丝瓜和有棱丝瓜。前者大江南北均有栽培，后者主要在华南栽培。

“菜”鸟课堂

宜栽领地 若天气适宜，全国各地均可栽种。

美蔬档案

温度： 喜温暖气候，忌低温，耐高温。温、热带地区都很适合丝瓜的生长。

湿度： 丝瓜适宜高湿度，在过于干燥或者贫瘠的土壤，丝瓜不易成活，或者会长成畸形瓜。

施肥：苗期，每星期追肥一次；结果期，每采收1～2次就追肥一次，肥料以人畜粪尿和复合肥为主。

适宜人群 热情好客的家伙，性别不限。

美味地头 庭院

开心栽培

（1）刚冒出头的芽芽小样。本来有好几棵的，吹了一下午的冷风，蔫了两棵，忍痛拔掉了。

（2）开始爬蔓了。我欣喜异常，不禁哼起了歌：藤蔓植物，爬满了伯爵的坟墓……呸呸呸，是爬满了帅哥的墙屋！

（3）给长势喜人的丝瓜搭起了凉棚，雄花很给力，开花了，明黄色的，格外耀眼。

（4）这是开放的雄花。引来了好几只蜜蜂采集花粉，顺便也给雌花授了粉。顺便普及下知识，丝瓜开的花分雌花和雄花，雄花比较具有观赏性，但是只有雌花才会结瓜哦！另外，等丝瓜植株长到十一二片叶片时，应将其摘心。因为摘心后，侧枝萌芽速度变慢，植株就会集中营养开花结果，能有效提高丝瓜的产量和质量。

（5）雌花结果了！这是结的第一只瓜，虽然短短的，让我开心不已！这可是纯天然的无机瓜哦！超市里的无机瓜卖得可贵了！

（6）后面的丝瓜就长得有模有样了，细长细长的，看我的丝瓜长得多顺溜！到今天为止已经有两个丝瓜进了肚子里，吃的时候心里那叫一个美！现在瓜架上有4个小丝瓜正在长大，另有雌花的花蕾无数，看样子今年根本不用买丝瓜吃了，可惜的是过几天我要去旅游，那么多的丝瓜只能送给邻居吃了。

菜经秘授

☆丝瓜对土壤适应性广，宜选择土层深厚、潮湿、富含有机质的砂壤土，不宜种在瘠薄的土壤。

☆整个生长期，经常进行中耕除草、翻土。适时进行人工引蔓、绑蔓，以辅助其上架或上棚，棚架高2米。上棚前的侧蔓均摘除，上棚后的侧蔓一般不再摘除。在盛果期，摘除过密的老黄叶和多余的雄花，把搁在架上或被卷须缠绕的边幼瓜调整垂挂在棚内生长，摘除畸形瓜。

菜瓜

·易·养·指·数

★★★★☆

菜瓜也叫丝瓜，瓜肉清甜、多汁，是夏季极佳的消暑搭档，既可腌制也可凉拌。菜瓜含有丰富的钙、磷、铁，还含糖、柠檬酸和少量的维生素A、B族维生素、维生素C等，是心烦气燥、闷热不舒、热病口干作渴、小便不利等人群的理想选择。

宜栽领地 我国各地多有栽培，一般分布在温热带地区。

美蔬档案

温度： 菜瓜喜温热，但耐低温能力也强，栽培时多注意阳光充足，保持温度，可春秋两季栽培。

湿度： 栽培菜瓜要保持土壤湿润，播种前要适量地增加土壤湿度。此后到收获第一个瓜的这段时间里，则应严格控水，不能浇水，以防跑秧。

施肥： 栽培期间不需频繁施肥，只要保持一定的施肥量即可，磷酸二胺为首选的肥料。

适宜人群 勤快麻利的家伙。

·易 ·养· 指· 数

★★★★☆

黄瓜，也称胡瓜、青瓜，是一种广受欢迎的蔬果。它含有丰富的蛋白质、糖类、胡萝卜素、维生素B_2、维生素C、维生素E和无机盐等物质，还含有一种叫丙醇二酸的物质，对糖类转为脂肪具有抑制作用，是美女们减肥不错的食物选择。

“菜”鸟课堂

宜栽领地 黄瓜分布广泛，在全国各地均可以栽种。

美蔬档案

温度：黄瓜是一种喜温的蔬果，生长发育的温度条件因生长时期而不同。种子发芽的适温27～29℃；幼苗期昼22～25℃，夜15～18℃；开花结果期昼25～29℃，夜18～22℃。温度若高于适温的最高范围，就形成苦味瓜。

湿度：黄瓜对湿度的要求也很高，一般土壤湿度要达到85%～90%，空气相对湿度为90%以上。

施肥：疏松肥沃、酸碱度中性（pH值为6.5～7.0）的砂壤土是黄瓜发育的最佳环境。肥料种类应以有机肥料作底肥，耕前一次性施入。化肥作追肥，在生长过程中分期施用。

适宜人群 热情好客又勤快麻利的家伙。

苦瓜含有丰富的维生素C，其含有的苦瓜素被誉为“脂肪杀手”，能使人体减少对脂肪和糖分的吸收。它还具有清热、解毒、滋肝明目、养血益气、抗衰老的功效，且一般在每年的7～8月成熟，因此是家中夏季清热解暑的必备瓜果。

苦瓜

·易·养·指·数

★★★★☆

“菜”鸟课堂

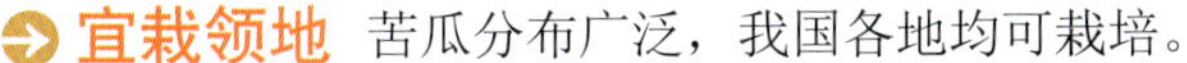

宜栽领地 苦瓜分布广泛，我国各地均可栽培。

美蔬档案

温度：苦瓜性喜温，耐热性强，在15～25℃的范围内，温度越高越有利于生长。种子发芽适温为30～35℃。植株生长适温为20～30℃，以25℃为最佳。开花结果期适温为25℃左右。

湿度：苦瓜喜湿而不耐涝，生长期间需要85%的空气相对湿度和土壤湿度，因此要保证水分充足，特别是开花结果期，所需水分更多。

施肥：各生长时期对肥品种需求各异，基肥以腐熟的有机肥料为主，追肥以腐熟人畜粪尿为主，苗肥宜薄施，以氮肥、磷钾肥为主，进入开花结果期，可加大浓度，盛果期以后增施1～2次钾肥或复合肥。

适宜人群 热情好客又勤快麻利的家伙。

西葫芦

·易·养·指·数
★★★☆☆

西葫芦又名番瓜，皮薄肉厚汁多，是人们饭桌上一道可口的美食。西葫芦含有维生素C、葡萄糖等营养物质，尤其是钙的含量极高。此外，它还具有清热利尿、清肺止咳、消肿散结的功效。

"菜"鸟课堂

宜栽领地 全国各地均可栽种。

美蔬档案

温度： 西葫芦较耐寒但不耐高温，种子发芽适宜温度为25～30℃，生长期最适宜温度为20～25℃，开花结果期则需要较高的温度，一般保持22～25℃最佳。

湿度： 西葫芦性喜湿润，不耐干旱，特别在开花结果期更要保持土壤的湿润。

施肥： 西葫芦需肥量较大，应施含氮、氧化钾、五氧化二磷等营养物质较多的肥料。

适宜人群 有耐心的种菜人。

南瓜是夏秋季节人们餐桌上一道可口的美食，营养丰富，含有淀粉、蛋白质、胡萝卜素、B族维生素、维生素C、钙、磷等成分，具有很高的食用价值。南瓜产量高，且南北方都可种植栽培，可制成南瓜饼、南瓜汤、南瓜粥等美食。

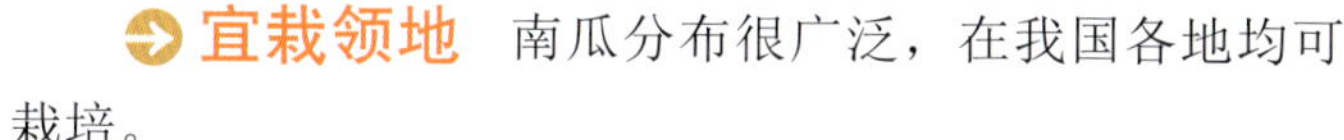

宜栽领地 南瓜分布很广泛，在我国各地均可栽培。

美蔬档案

温度： 南瓜喜冷凉，耐低温性强，适宜生长温度为15～29℃，育苗期应采用“一高一低”的温度管理，即以高温促进出苗，待大部分幼苗出土后，要适当降低温度。

湿度： 南瓜在生长的中、后期耐湿性比较差，但膨果期所需水分较多，应及时浇水。

施肥： 在育苗期用0.5%的尿素水淋1～2次促苗生长。追肥一般分2～3次，分别在伸蔓期、膨果期和第二、三个果的膨果期进行，以复合肥为主。

·易·养·指·数

★★★★☆

适宜人群 热情好客又勤快麻利的家伙。

冬瓜

·易·养·指·数
★★★☆☆

☆冬瓜生长藤蔓较大，一般要搭架种植，且架子要有一定的承受能力，因为冬瓜的体积大，有一定的重量。此外，冬瓜生长还应在排水方便处。

冬瓜是我们日常生活中很常见的一种瓜果类蔬菜，生长在夏季，因为它表面生长的白粉状物质像冬季的霜，所以叫作冬瓜。冬瓜的营养价值很高，几乎全身是宝。冬瓜含有蛋白质、糖类、胡萝卜素、多种维生素及矿物质等，对于身体健康及美容都有很好的作用。且冬瓜耐贮藏、耐热，是我们生活中不可或缺的蔬菜。

“菜”鸟课堂

宜栽领地 我国大部分地区。

美蔬档案

温度： 冬瓜喜欢温暖，耐热，生长在夏季，适宜生长温度在20～30℃。

湿度： 冬瓜生长需要水分较多，其藤蔓生长非常广而粗，瓜的体积大，对于水分要求高，但同时要求生长环境排水性好。

施肥： 冬瓜生长所需肥料要多，育苗期前需肥料较少，但等其开花结果时，要多次追肥，水肥及腐熟等肥料较好。

适宜人群 对栽培蔬菜非常有耐心的勤劳种菜人。

美果爆仓馈赠亲朋

茄果类蔬菜多能边现蕾、边开花、边结果。
所以只要善于调整茄果类生长所需营养，家家都会很快出现美果爆仓的状况！
且茄果类蔬菜易于存放，若自家食用还有结余，
用来送人真是最合适不过！

西红柿

·易·养·指·数

★★★★☆

西红柿也被称为“爱情果”，看来它能如爱情般滋润我们一生。它除含有丰富的茄红素高抗氧化剂，还含有大量维生素A、维生素C等营养素，对维护我们视力健康和抵抗力很有帮助。而且它种植极其普遍，全世界范围内，即便是再小的菜园也会有它的身影。

“菜”鸟课堂

宜栽领地 全国各地均可栽种，但以南方气候更适宜，北方温室内也可栽种。

美蔬档案

温度： 西红柿喜温，最适白天温度约在25～28℃，夜间16～18℃。低于15℃西红柿生长就会受到不利影响，若低于0℃时则会被冻死。

湿度： 西红柿对土壤湿度的要求并不高，除了发芽、出苗期需要大量水分外，其余时期只要保持土壤湿润即可。

施肥： 西红柿需肥量较大，各时期都应保证充足的营养，但各生长时期对肥品种需求各异。生长前期侧重氮肥，生长后期侧重钾肥，而在整个生长过程中都应贯穿磷肥。

适宜人群 热情好客又勤快麻利的家伙。

美味地头 阳台

开心栽培

（1）本人是个西红柿痴，对与西红柿有关的事从来都来者不拒。这不，阳台上又有好几盆西红柿苗呢！别以为这是买的傻瓜式成品菜苗，这些可都是我辛勤洒下种子破土而出的结果！看，长势还不错吧！

（2）栽培西红柿，一定要有耐心。想当年我刚开始捣鼓西红柿时，不晓得多少西红柿幼苗“暴毙”家中，真是罪孽啊！好在皇天不负有心人，今年5月我家西红柿总算开出了像五角星一样的黄色小花，真是太开心了！

（3）不过，偶尔我也会玩忽职守。上周加班加到天昏地暗，就忘记给西红柿浇水了，结果那些盛放的花朵就凋零了好几朵……回家后看见地上的“尸体”，真心疼！松土、洒水、略施薄肥，一番“急救”后，那些花儿也够给力，居然结出了漂亮的小果实！

（4）阳台上种养西红柿很简单也很方便。西红柿喜欢阳光，怕冷又不耐暴晒，阳台上柔和的光线、温暖的小气候最适合它生长了。因为它不耐旱，所以生长期要记得常浇水，保持土壤湿润就行了，完全不用太费心打理。

4

5

（5）西红柿的果实成熟，都会经过绿熟、变色、成熟、完熟四大时期，我家这就正在逐步走向“完熟”。上次邻居来串门，看见西红柿点缀得阳台一片红一片绿的，羡慕得立马跟我预定了果实，说要尝尝鲜。哈！宝贝们还没出产就面临脱销，得意呀！

美味地头 庭院

开心栽培

（1）还在某网站玩偷菜？你可过时了。如今流行乐活，当然要“脸朝黄土背朝天”地真刀实枪干活才有劲！瞧，我把原用来种花的庭院开辟了一块出来，变成现实版菜园，不错吧！

（2）我用的是西红柿成品秧苗，买回家后只要翻翻土，把秧苗种下即可。说到翻土地，就大有学问了。因为成熟的西红柿根系可潜伏到地下2米深处，所以种植前最好能把泥土挖至一锹半深，松松土壤并清除石子等杂物，会更有助于它的根系往下深扎，吸收土壤中的养料。

（3）还有，西红柿喜欢高温和日照，于是我投其所好将它安插在庭院西北端，让它靠阳光近一点、再近一点。需要提醒的是，西红柿要避免和藤类作物穿插栽种，否则等那些藤类作物攀爬到西红柿藤秧上争夺阳光和养料，西红柿可就“命不久矣”。

（4）还有关键一点，给西红柿周边土壤埋一些肥料，是我栽种西红柿的省事秘籍！收集些枯枝败叶或吃剩的鱼刺等，将其深埋在离秧苗约半米远的地方，就可保证秧苗在整个生长期营养均衡，且不用频繁施肥了。因为是庭院地栽，所以浇水也不用太频繁，三五天浇一次水就可以。

趣玩延伸

☆关于西红柿的好处，可谓是说之不尽，有这么一首打油诗：

西红柿，红又圆，能治病，还省钱。捣烂取汁加点糖，涂面细腻美容颜。

晨起拌糖一两个，空腹降压效明显。切片熬汤防中暑，热吃放点糖或盐。

牙龈出血很好治，吃它半月即兑现。

☆如果发现西红柿的植株较大，或是果实较多时，可用竹竿、木棍等物体辅助支撑，以免植株被压弯，影响植株生长和果实成熟。

☆如果遇上西红柿只开花不结果的情况，不妨给它进行人工授粉。因为西红柿是两性花，一朵花上既有雄蕊也有雌蕊，可自授花粉。如果授粉不良，可取一只干净的毛笔，用毛笔笔锋轻轻扫花粉，就可大大提高西红柿的产量和品质了。

·易·养·指·数

★★★☆☆

秋葵又叫羊角豆、咖啡黄葵，是一种高档营养保健蔬菜。秋葵肉质细嫩，口感爽滑，含有果胶、牛乳聚糖、蛋白质、草酸钙等营养成分，能帮助消化和治疗胃病，还可帮助消除疲劳、快速恢复体力。

“菜”鸟课堂

宜栽领地 温暖且日照时间较长的南方地区，北方栽培需做好保温措施。

美蔬档案

温度： 气候温暖并且阳光充足的环境，最适合秋葵的生长，寒凉的北方地区栽种秋葵时，育苗应该选在温室或温床进行。另外，无论南北都需在霜期结束后再定植。

湿度： 秋葵喜欢湿润的土壤，不过耐涝性一般，所以旱季要勤浇水，雨季应注意排水。

施肥： 秋葵长势旺盛，并且因为植株高大、生长期长，需要的肥料自然也多。为了迎来丰收的景象，一定要为秋葵提供充足的肥料。生长期要求追肥3～5次，开花期则每20～30天追肥一次。

收获： 为了保证秋葵的口感，收获不能过迟，最好在开花后4～7天，果实长至5～8厘米时采收。

适宜人群 注重养生且勤快的种菜人。

玉米

“菜”鸟课堂

宜栽领地 玉米具备“随遇而安”的随和个性，南北均可种植。

美蔬档案

施肥：要想甜玉米长势良好，施好肥料是重点。不仅基肥要施足，追加肥料也要早点开始，抽穗期更是要着重施好肥料。施肥时最好深一些施，施完肥后能再松土、培土并将草拔干净是再好不过了。

浇水：甜玉米虽然对养护的要求不高，但最怕遇到干旱天气，这样玉米子可能会缺水干瘪。所以，在苗期和抽穗开花后，如果天气干旱，一定要及时浇水；雌穗吐过花丝至收货期需要更加小心，看到地面出现干燥迹象时，应尽快浇水。

收获：过早或过晚收获都会影响甜玉米的产量和口感，适宜的收获期是在吐丝结束后17～23天内，这时玉米甜脆多汁并且果实饱满。

适宜人群 没有太多精力打理菜园的人。

·易·养·指·数

★★★★☆

玉米也被称为“包谷”，既可作为粮食又能当作蔬菜食用。玉米虽然普通，但营养价值却不容小觑，它不仅含有丰富的维生素，还含有核黄素、胡萝卜素等营养物质，常吃玉米可降低患心脏病、癌症等疾病的概率。

圣女果

·易·养·指·数
★★★★☆

圣女果的名字听上去很梦幻，吃起来很养人。它长相甜美，颜色鲜亮，属番茄家族的一员，因此又被称为“樱桃番茄”。别看名字个头不大，结果实的劲头可是相当强悍的，一穗可结10～20个，再加上“性格”随和不挑地方，庭院或阳台都可以作为它的家，所以，把圣女果请进家绝对是不错的选择！

“菜”鸟课堂

宜栽领地 全国各地均可栽培，南方高温天气更适合圣女果生长，北方如果做好保温措施也可长得很好。

美蔬档案

温度： 圣女果对温度的要求比较高，整个生长发育期的适宜温度在20～28℃之间，这是白天的温度，晚上的适宜温度为10～20℃。

施肥： 为了结出高产优质的圣女果，就要重视有机肥的施用，对氮肥的用量则要控制。当然有机肥也不可太多，过多的肥料会降低糖度，增加裂果的数量。

土壤： 圣女果对土壤的适应能力强，不过最好能选排灌方便、土壤肥沃、通风透气性好的砂壤土种植。

病虫害： 圣女果整个生长过程都有可能发生病虫害，所以在生长期间要留心其长势，及时防治。

适宜人群 菜农不需太勤快，但一定要细心。

乐活天地

王俊的怡情圣女果

美味地头 窗台

开心栽培

（1）前段时间我跟大家一样迷上了上网种菜。不过总坐在电脑面前，身体真是吃不消。要不真种菜？这样平时给花浇水、施肥什么的还能活动下筋骨。想到不如做到，春节逛花房时看到了圣女果种子，我平时就喜欢吃圣女果，所以当即买下。

（2）按照说明书上的要求，我用水将盒子里的种子介质淋透，就开始等着芽儿破土而出了。介质需要保持湿润，所以隔两天我就略微施点水。等啊等，盼呀盼，小苗终于露出了尖尖角。

（3）吾家“圣女”初长成，也是时候为她们换“大宅”了。大盆里的土是我精心准备的肥沃又透气的砂壤土。圣女果喜欢阳光，所以我将盆搬到落地窗下，让它充分沐浴在阳光中。

（4）终于有果子成熟啦，红得晶莹剔透，就像一颗颗红宝石。摘下来，洗净，跟同事一起分着吃。大家都说味道很浓，比买的要好吃多了。可不是吗，这可是自然成熟的呀，绝对不含催红剂，哈哈！

·易·养·指·数

★★★★☆

茄子是餐桌上很常见的一种蔬菜，富含蛋白质、脂肪、碳水化合物、维生素等各种营养成分，被誉为心血管克星的维生素P，含量更是让许多蔬菜自叹不如。并且茄子生长不挑地方，南方、北方都能生根发芽，阳台、屋顶都能落户安家，要是再有合适的温度，春天到秋天大半年都能开花结果。

“菜”鸟课堂

宜栽领地 全国各地均可栽培。

美蔬档案

温度：茄子喜温，能耐高温，不过在25～30℃的温度中长势最好，低于5℃就可能被冻死。结果期的温度在25～35℃之间时，茄子的产量和质量都能够达到顶峰。

湿度：茄子对水分的要求不高，但是结果期土壤最好保持湿润，可以选择在傍晚浇水。

施肥：茄子结果期长，所需的肥料也相应多一些，除了把底肥施足外，还要多次追肥。具体施肥方法是：植株高30厘米以上时，追施一次有机肥，以后每月施肥一次，直至开花；开花至结果期，每10天施肥一次，主要用磷肥和钾肥；每次采收后也要施一次肥。

适宜人群 细心、乐于分享的菜农。

乐活天地

王璐家的优雅茄子

美味地头 阳台

开心栽培

（1）说起居家种菜，我想那是有“先天禀赋”的。我老家在农村，老妈是典型的“土地主”，闲来无事在家种菜也是受她老人家“唆使”的。茄子是我种成功的第一批菜，这给了我不小的鼓励啊。我买的是成品菜苗，所以省去了播种的过程。

（2）为了不让茄子苗在我家感觉不适应，我在它进门前一周就开始给家里的盆土沤肥。要知道“三追不如一底”，底

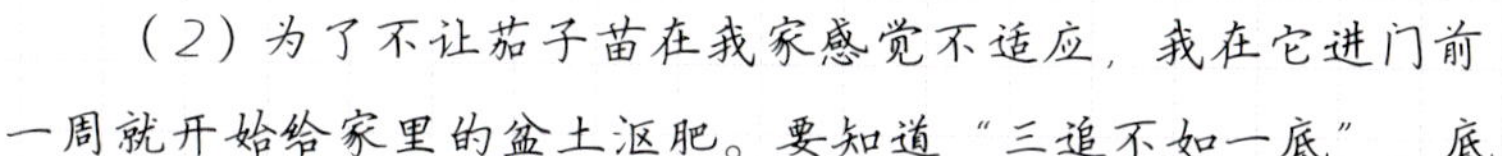

肥充足了它才会长得更快。事实上茄子的成长经历也证明我是对的，施足底肥，打好基础很重要，瞧，茄子苗在我家没有丝毫不适应。

（3）茄子是一边开花一边结果的，看看，这边厢紫色花瓣高贵迷人，那边厢果子小巧可爱，真是奇妙。开始挂果了，需要的肥料自然更加多了，现在我基本上每隔10天施一次肥。浇水的次数也逐渐增加，差不多每天晚上都要浇一次水。

（4）茄子终于长到30多厘米了，终于可以采摘后做我最爱的肉末茄子了，激动之情无以言表啊。

五彩樱桃椒

·易·养·指·数

★★★★★

五彩樱桃椒是从日本引进的舶来品，果如其名，在同一植株上能看到绿、紫、黄、鲜红等不同颜色的果实，犹如挂在树头的缤纷糖果。将嫩五彩樱桃椒采摘后直接入菜，好吃又开胃；而老熟的五彩樱桃椒辛辣刺鼻，很适合用来做干辣椒和腌辣椒。五彩樱桃椒不仅美丽多姿，结果力也超强，一株可挂果300个左右，是很具特色的赏食两用果。

“菜”鸟课堂

宜栽领地 全国各地均可栽种，南方温暖的气候更为合适。

美蔬档案

温度：五彩樱桃椒为喜温作物，能耐高温也较耐低温，种子需要在约25℃的环境中催芽；它的生长期适宜温度在20℃以上，不过12℃左右的较低温度也能开花结果。

湿度：五彩樱桃椒适合在偏干的土壤中生长，除了开花结果期需要供应充足的水分外，其他阶段应控制浇水。

施肥：五彩樱桃椒生长需要较多的肥料，栽种时需要施足底肥，以后每半个月施一次腐熟的稀薄液肥。

适宜人群 喜欢新事物、喜欢吃辣的种菜人。

乐活天地

蔡雅家的缤纷彩椒

美味地头 阳台

开心栽培

（1）种植彩椒真的很省心，它喜欢偏干的土壤，我只需隔几天浇一次水就行；它对土壤的适应能力强，几天不松土也没关系；它虽然喜欢肥料，但是施一次肥能管上半个月；它喜欢阳光，但又怕晒，阳台柔和的光线正好适合它。

（2）天气更加暖和了，街道两旁的花坛了开满了姹紫嫣红的花朵，我家的彩椒们也在暖风的呼唤下开出了洁白的小花。听说开花不久就能开始挂果了，也就是说以后需要更多的“能量”了，于是我浇水、施肥和松土的次数都增加了一些。

（3）几朵早开的花儿已经凋谢了，果儿则紧随其后钻了出来。乳白色的小果真是可爱呀，就像一个个不规则的小汤圆。虽然已经成功在望，但浇水、施肥、松土都不敢马虎，据说这时候太粗心，花果有可能会凋零。

（4）花儿差不多全部凋谢完毕，取而代之的是挂满枝头的果子，白色、紫色、黄色、红色，几种颜色交相辉映，真是太美丽了。

柿子椒

·易·养·指·数

★★★★☆

柿子椒是青椒的一种，营养非常丰富，维生素C的含量比西红柿还高。柿子椒入菜后味道清甜可口、别具风味，还可以当做水果生吃。而且柿子椒还有彩虹般多彩绚丽的颜色，摆在家里还能点缀空间。柿子椒适应环境的能力很强，阳台、窗台、天台、庭院都可以栽种。

“菜”鸟课堂

宜栽领地 适宜在南方栽种，北方春夏也可栽种。

美蔬档案

温度：柿子椒喜温，适宜温度在15～35℃之间，最佳生长温度为25～28℃，发芽要求温度略高一些，在28～30℃之间。

湿度：柿子椒在湿润的土壤中能蓬勃生长，不耐干旱也怕水渍，浇水要细心，最好选择栽种在潮湿并且容易渗水的砂壤土中。

施肥：柿子椒整个生长发育期都需要充足的肥料供给，肥料以氮肥、钾肥为主，也需要适量的磷肥、钙肥。

适宜人群 热爱生活且勤劳的养花人。

☆柿子椒的根系较浅，生长期间若管理不当就会产生多种病虫害，所以为了保证柿子椒正常生长，应加强保温措施。

手作野趣搭架扶持

豆品类蔬菜素有“植物肉”之称，
但有些属于蔓生品种，需要搭架供其攀援，栽种起来有些费事，
不过回报也非常可观。豆品蔬菜的特性是开花多，结果多，并且边开花边结果，
只要精心栽培，就能迎来喜气洋洋的丰收季。

豇豆

·易·养·指·数
★★★★☆

豇豆又名豆角，是一种平民蔬菜。作为豆品蔬菜家族的一员，豇豆同样含有丰富的营养价值，不仅含有容易被人体吸收的优质蛋白质，而且含有对人体十分有益的多种维生素。豇豆有多种花样吃法，清炒、凉拌或者腌泡皆可，并且都能保持其脆嫩的口感。

“菜”鸟课堂

宜栽领地 全国各地均可栽种，南方的温度更加适宜。

美蔬档案

温度：豇豆喜温暖，适宜的生长气温范围为20～30℃之间，在15℃以下的气温中生长缓慢，5℃以下有可能被冻死。

湿度： 豇豆在干旱的土壤里也能生长，但惧怕水涝，雨后应注意排水，平时浇水也不应过勤过多。

施肥： 对豇豆施肥要细致，开花结荚前注意控肥，防止光长个儿不开花；开花结荚期，加施肥料可以多开花、多结荚。

适宜人群 有大量空余时间且喜欢在菜园捣鼓的勤快人。

美味地头 天台

开心栽培

（1）天台以前就种了不少东西，但都是茶花、紫罗兰这样的花卉，我今年突发奇想，在阳台的花盆里埋了不少苦瓜、黄瓜和豇豆种子。俗话不是说“种瓜得瓜，种豆得豆”嘛？

（2）豇豆真的很好养，现在长到一尺来高了，而且长得油光水绿。说出来很多人也许都不相信，除了刚开始施了些底肥，中途我都没再施过肥。

（3）几天没去天台，我才发现豇豆已经开了不少花，紫白色的花儿就像一只只翩翩起舞的蝴蝶，还散发出淡淡的清香。我赶忙拿来肥料，让豇豆饱饱地吃了一顿，又给豇豆松了一遍土。

四季豆

·易·养·指·数
★★★☆☆

趣玩延伸

四季豆虽味道不错，但是因含有毒素，处理不当可能中毒。不过四季豆一般不引起中毒，将其充分加热就能彻底降低中毒概率。其实预防中毒的方法很简单，将其用大火焖熟煮透，千万不要为了追求脆爽的口感，而只做几分熟。

四季豆是餐桌上的常客，无论是清炒、干煸还是与肉同炖，都十分可口，营养价值也十分丰富，蛋白质自不必说，另外还含有多种氨基酸，可以调理脾胃、改善食欲。四季豆分为蔓生和矮生两种，前者需要搭架栽培，占用的空间比较大，不过产量也高一些。矮生四季豆最多株高40厘米，可不用搭架，所以，先看看家中的空间大小，再考虑将哪个品种带回家吧。

"菜"鸟课堂

宜栽领地 全国各地均可栽种，温度较高的南方每年可收获两季，北方为一季。

美蔬档案

温度： 四季豆为喜温植物，适宜在15～25℃的气温环境生长，温度在10℃以下或30℃以上时，生长和授粉结荚都会受到阻碍。

湿度： 四季豆喜欢在湿润的土壤中生长，怕干旱、忌水涝，所以给四季豆浇水时要十分细致：开花前尽量少浇水，土壤见干才浇；开花至结荚期应该多浇水，保证每3天一次的浇水频率，天气炎热干燥时浇水还能更勤一些。

适宜人群 不怕麻烦、细心的种菜人。

豌豆长相酷似绿色珍珠，个头小营养价值却不同凡响，最特别之处在于其含有止杈酸、赤霉素和植物凝素等物质，可以抵抗病菌入侵，并增强新陈代谢的功能。豌豆也非常有个性，喜欢在低温的环境中生长，所以即便是在寒冷的北方也照样正常生长。

·易·养·指·数

★★★★☆

“菜”鸟课堂

宜栽领地 全国各地均可栽培，中部偏北的地区为最佳种植区。

美蔬档案

温度：豌豆喜凉爽，苗期生长最适宜的气温是14～22℃，开花结荚期则为15～20℃。并能抗低温，温度在－4～5℃时也能生长，但是对高温缺乏抵抗力，超过25℃产量就会受影响。

湿度：豌豆不耐湿，在播种时和幼苗期要注意排水通畅，否则容易烂根；开花期需要保持土壤湿润，不然影响到受精，会出现很多空荚和瘪荚。

土壤：豌豆对土壤没有特别的要求，但疏松、有机质较高的中性土壤最适合生长。

施肥：重点在于施足基肥，以磷肥、钾肥为主。当枝叶开始旺盛生长时，大约每10天施有机肥一次。

适宜人群 有大量空余时间的勤快种菜者。

毛豆

易养指数
★★★★☆

毛豆就是未熟透的大豆，新鲜连荚。大豆素以高营养价值著称，而毛豆因为未成熟，所含的营养价值更容易吸收利用。另外，与“成年”大豆相比，毛豆中各种维生素、矿物质的含量也很高，食用毛豆对人体非常有益。因为毛豆中含钾丰富，夏天吃毛豆还可开胃、解乏。

“菜”鸟课堂

宜栽领地

南方、北方皆可栽种，南方一年可种两季，北方一年一季。

美蔬档案

温度： 毛豆喜温暖，种子在10℃以上时方可发芽；植株生长的适宜气温为20～25℃。

湿度： 毛豆生长需要较多的水分，并且苗期、分枝期、开花结荚期和荚果膨大期对水分需求会逐渐增多，给毛豆浇水时需留心。

施肥： 要想结出粒大饱满的毛豆，施肥很有讲究。毛豆根系有固氮菌，氮肥可以少施，而主要以施磷肥、钾肥为主。

适宜人群

只追求种菜结果的种菜人。

葱蒜类　药食两用迷你养生

葱蒜类蔬菜不仅药用功效明显，
且栽种起来有个很重要的特点，就是不容易感染病虫害，
加上对环境的适应能力普遍较强，养护起来十分方便。如果能在家种上一两盆，
做菜的作料完全可以自给自足了。

洋葱

·易·养·指·数

★★★★★

洋葱在剥开时会散发出强烈的辛辣味，可能是因为这个原因，很多人对洋葱敬而远之。其实，平时多吃洋葱可杀菌、治感冒，健胃消食，预防癌症。

“菜”鸟课堂

宜栽领地　全国各地均可栽培。

美蔬档案

温度：洋葱喜欢凉爽的气温，可在3～5℃的温度中发芽，茎叶生长的最佳气温是12～16℃，鳞茎发育的适宜气温是15～20℃。

土壤：洋葱对土壤没有特别要求，如果土质疏松、土壤肥沃且锁水力强，洋葱的产量能够显著提高。

适宜人群　没有过多时间打理菜园的种菜人。

大葱常在炒菜时用来爆锅，可以满锅生香，因为大葱里所含的挥发油和辣素能够增长食欲。大葱不仅能勾起食欲，还能用来发汗治感冒，而且常吃大葱的人很少患胆固醇疾病。大葱还能增强人体热能的释放，帮助减肥。

·易·养·指·数

★★★★★

宜栽领地 南北方均可栽种，更适合北方生长。

美蔬档案

温度：大葱虽然耐寒、耐热，但适宜的生长气温为7～35℃，温度在19～25℃之间时能够生长得最为旺盛。

湿度：大葱有很强的保水能力，较长时间不浇水都没有关系，但是大葱不耐水涝，因此除了生长旺盛期需多浇水以外，其他时期保持土壤湿润即可，并选用排水良好的有机质壤土。

施肥：大葱为喜肥植物，生长前期需要施较多的氮肥，后期则以磷肥、钾肥为主，尤其是磷肥，想要保证产量，磷肥必不可少。

适宜人群 不想花大力气伺候蔬菜的种菜族。

青葱

·易·养·指·数

★★★★★

歇后语“小葱拌豆腐——一清二白”，里面的小葱指的就是青葱。肉食中放点葱花，可以消除腥膻味，还有助于消食、解热、通便。我们平时大多是吃青葱的叶子，将叶子掐断以后，余下的部分还能继续生长。

“菜”鸟课堂

宜栽领地 全国各地均可栽种，南方温暖的气候更为适合。

美蔬档案

温度： 青葱适合在凉爽的气温环境下生长，适宜的温度为18～23℃，低于12℃或高于28℃时生长变得迟缓，夏季高温天气下甚至停止生长。

湿度： 青葱扎根较浅，不耐旱涝，在生长期注意保持土壤湿润，一般每周浇水一次即可。

光照： 青葱对光照没有特殊的要求，在夏季时避免暴晒即可，过强的光照会影响青葱的口感。

施肥： 青葱生长不需太多的肥料，当叶丛出现生长衰弱的迹象时喷施一次腐熟有机肥即可。

适宜人群 不想花大力气伺候蔬菜的种菜族。

大蒜是很多家庭厨房里常备的作料之一，但大蒜的作用不仅仅是调味品这么简单。大蒜含有独一无二的物质——蒜素，而蒜素可以增强人体免疫能力。另外，大蒜可以说“全身都是宝”，蒜苗、蒜薹、蒜头都可以用来做菜，所以种大蒜的性价比非常高。

宜栽领地 全国各地都可以栽种。

美蔬档案

温度：大蒜喜冷凉，尤其是在发芽期和幼苗期需要较低的温度，这两个阶段适合的气温为12～16℃，此后所需气温逐渐增高，花芽、鳞芽分化期的适宜气温为15～20℃，抽薹期为17～22℃。

湿度：大蒜对土壤湿度的要求很严，播种至出苗前土壤应保持湿润；幼苗期应见干见湿；叶片生长旺盛期应多浇水；采薹前控制水分，采薹后马上浇水；鳞茎膨大期也应多浇水；收获蒜头前节制供水。

光照：大蒜是长日照作物，除了幼苗期外，抽薹和鳞茎生长都需要长日照。

施肥：大蒜喜肥又耐肥，肥料以氮肥为主，并按照多次、少量的原则施肥。

适宜人群 勤快、做事麻利的种菜人。

生姜

易养指数

★★★★★

“饭不香，吃生姜”，生姜可以增进食欲。生姜中含有大量姜辣素，而姜辣素具有驱走体内的寒气的功效。生姜不仅果实能供食用，外形也很美，丛林式的茎秆和细长的叶子很像观赏用的竹子，放在家里还能装饰家居。

“菜”鸟课堂

宜栽领地 全国各地都可栽种，适宜在南方生长，北方种需做保温措施。

美蔬档案

温度：生姜喜温暖，不耐霜冻和高温，幼芽萌发所需要的气温在17℃左右；幼苗在22～25℃长势良好。

湿度：生姜对水分要求严格，出苗期不需要太多的水；生长盛期应增加浇水次数，保持土壤湿润；生长后期所需水量逐渐减少。

光照：生姜喜阴凉，适室内生长。

施肥：生姜不仅喜肥而且耐肥，整个生长期都需施肥，主要为钾肥、氮肥。

适宜人群 不想花大力气伺候蔬菜的种菜族。

韭菜

·易·养·指·数
★★★★★

趣玩延伸

韭菜的得名据说跟汉代光武帝刘秀有关。西汉末年，王莽篡位，刘、王大战中刘秀惨败，逃跑中只好以野菜充饥。刘得知野菜并没有名字，便为其取名为“救菜”，意为救了自己的命，后觉得名字难听，音化成“韭菜”。

韭菜属于多年生蔬菜，只需播种一次，就可以连续收获好几年。而且韭菜有多种营养价值，韭菜中大量的维生素和粗纤维可以促进胃肠蠕动，缓解便秘症状；韭菜的辛辣气味能舒缓肝气、增进食欲；韭菜还因为性温、味辛，可以补肾起阳，被称“起阳草”。韭菜确实称得上营养与美味兼备的优良蔬菜，乐活种菜当然不能忘了韭菜。

“菜”鸟课堂

宜栽领地 全国各地均可栽培，南方温暖的气候更加适合。

美蔬档案

温度：韭菜耐寒但不耐高温，在2～3℃时仍可发芽，但发芽最适宜的气温为15～20℃；生长期最适宜的气温是18～24℃，超过24℃生长会放缓，超过35℃叶片则会枯萎。

湿度：韭菜怕涝耐寒，但是发芽期、出苗期、幼苗期都非常怕旱，需要保持土壤湿润。春季停止收割的韭菜，要控制浇水；夏季多雨，注意防湿排涝；秋季为韭菜的生长旺盛期，需保证充足的水分；冬季浇水需适量。

光照： 韭菜属于长日照作物，在光照强度适中的情况下，光照时间越长，韭菜长势越好。

施肥： 韭菜的需肥规律为幼苗期耗肥量小，到营养生长期需肥量大，至分叶期需肥量达到顶峰。韭菜植株耐肥力强，应该重点施氮肥，辅助施磷肥、钾肥等肥料，并着重施足底肥。

适宜人群 细心一点的种菜人。

☆韭菜生长在沙地较好，同时保肥能力强，根部吸收能力不是很强，所以种植韭菜需要经常清理杂草，因为韭菜的特性，杂草在韭菜中间的生长容易抢肥，对于韭菜的健康成长是不利的。

☆韭菜叶子的上头容易枯黄，有的是病疫引起，有的是灰霉引起。对于韭菜的枯黄叶，不可以乱打药或施肥，建议检查韭菜的生长环境再对症下药。

☆韭菜一次栽种可以食用6～7年，在此期间，如果给两年以上的老韭菜分株的话，可以很快种出更多的韭菜。分株时要求气温较高，一般在4～5月进行。

☆分株时需要将韭菜根连根一起挖出来，挖的过程中注意不要伤根。

☆分株时还应在挖起后去掉枯叶，再将韭菜每10株分成一份，接着将韭菜叶子剪短至10厘米左右，即可栽种。

香草类 小资调味优雅清新

香草不仅可以作为配菜、调料食用，
而且它们还具有一定的保健作用。
另外，香草能不断散发出特别的香味，可以令空气清新宜人，使人神清气爽，
而且不少香草四季常青，摆放在家里也特别养眼。

罗勒

·易·养·指·数
★★★★☆

罗勒又叫“九层塔”，是一种很有代表性的芳香蔬菜，常常被添加到沙拉、比萨饼或意大利面中调味。罗勒因为含有挥发油，具有化湿消食、活血解毒的功效，同时还具有抗衰老、提神和稳定情绪的作用。而且罗勒还很易养，它不仅不挑土壤、栽培简单、病虫害极少，而且生长快、产量也高。

“菜”鸟课堂

宜栽领地 南北方均可种植，更适合在南方生长，北方栽培需做好必要的保温措施。

美蔬档案

温度：罗勒为喜温植物，种子适合在25℃左右的温度中发芽，生长适宜温度为20～30℃。对高温的适应

能力较强，33～35℃的高温中仍可正常生长。但是不耐霜冻，轻霜就可能被冻死。

湿度：罗勒喜欢湿润的土壤，不耐旱也怕水涝。

光照：罗勒生长需要较多的阳光，如果光照偏弱，不仅植株徒长、叶片香味变淡，还可能感染枯萎病。

土壤：罗勒对土壤的适应能力很强，无论是营养丰富的混合土，还是稍显贫瘠的砂壤土都能长势良好。

适宜人群 不想花大力气伺候蔬菜的种菜一族。

☆虽然罗勒本身的香气可以驱走害虫，但一些顽固的病虫害仍然会危害叶片。

☆预防：预防胜于治疗，应尽量不用已经栽培过的旧土种罗勒，内藏的病菌可能会成为感染源；尽量在适宜的温度下栽培，这样强壮的植株也可以抵抗病虫害的侵袭。

☆除虫：尽量多花点精力用手捉虫。

趣玩延伸

☆关于罗勒，在罗马尼亚流传着一个动人的传说：有一个非常漂亮的女孩，她有一个十分爱她的情人，可不幸的是女孩死了。女孩的情人悲痛万分，他每天都要去女孩的坟前看她，并洒下思念的泪水。有一天坟上突然长出了一种从未有过的植物。那时因为天气干燥，所有的花草都被晒干了。但是这株植物在男孩泪水的浇灌下，不仅越长越高，还开出了好看的花儿。从那天起，人们便用男孩的名字“罗勒”来称呼这种植物。因为这个传说，罗马尼亚的女孩们十分喜欢佩戴罗勒，她们相信罗勒具有魔力，可以帮助她们留住男子的心。

薄荷

·易·养·指·数

★★★★☆

薄荷作鲜菜食用时，清爽又可口，其辛辣、清凉的口感用来调味也是别有一番风味。薄荷也常常被选作中药，作为发汗解热药物，用来治疗感冒、头疼、咽喉及牙龈肿痛等症。薄荷的叶子青翠欲滴，并且植株能散发出清淡的香味，放在家里还可美化居家环境。

“菜”鸟课堂

宜栽领地 全国各地均可栽种，南方更适宜。

美蔬档案

温度：薄荷为喜温植物，当气温在零下2℃左右时，植株就可能受冻枯萎。薄荷发芽所需温度不高，当土温在2～3℃时，薄荷地下根茎就能发芽；生长期最适合的温度为20～30℃。

湿度：薄荷喜湿润气候，不过在现蕾开花期最好拥有干燥的天气。

光照：薄荷多为长日照植物，充足的阳光能促进开花，并提高薄荷的含油量。

施肥：薄荷喜肥，生长期需要较多的肥料，肥料主要为氮肥。

土壤：薄荷对土壤的要求不严，一般的土壤都能生长，酸碱度在pH5.5～6.5之间更为适宜。

适宜人群 适合各种人群种植。

芫荽

·易·养·指·数
★★★☆☆

芫荽俗名香菜，是餐桌上常见的提味菜，属一二年生草本作物。芫荽形状似芹菜，叶片小且嫩，茎纤细，无论用作汤饮中的作料，还是当做凉拌菜的辅料，都美味可口，具有开胃解毒的作用。芫荽中还含有许多挥发油，可用来祛除肉类菜种的腥膻味；另外，芫荽中的特殊香气还能刺激汗腺分泌，加强肠胃蠕动，对消除便秘很有帮助。

菜经秘授

☆芫荽若在华北地区可于7～8月播种，若在南方，则可于10～11月播种。而且播种前最好将果实揉搓一下，以帮助种子吸收水分，促进发芽。

“菜”鸟课堂

宜栽领地 全国各地均可，以华北地区最适宜。

美蔬档案

光照：芫荽属长日照作物，可根据光照周期来调整抽薹时间，所以每天应给予至少8小时的日晒时间。

温度：芫荽属耐寒性作物，与众多要求在温润环境中生长的作物不同，芫荽偏好较阴凉湿润的环境条件，一般在2～5℃的低温环境中生长最好。

湿度：芫荽根部很浅，吸水能力差，所以对土壤和水分要求很严格。浇水不能太勤，以每天1次即可，但要保证土壤有足够的保水保肥能力。

适宜人群 喜欢具有浓郁香味蔬菜的种菜人。

马郁兰又名香花薄荷，在西餐料理中多与番茄或肉类一起搭配食用。马郁兰对健康特别有益，能放松神经，使人甜睡一晚上；当胃口不佳时，喝点马郁兰茶还能唤起人的食欲，并能帮助消化。马郁兰开粉白或粉红色小花，花朵小而密集，就像漫天的星星，特别漂亮。

“菜”鸟课堂

宜栽领地 适合在南方温暖湿润的气候环境下栽种，也可以在北方温室中栽培。

美蔬档案

温度：马郁兰为喜温作物，适宜在20～30℃的温度中生长，温度较高时，开出的花也会格外芳香。

湿度：马郁兰喜欢湿润的环境，生长期要控制浇水；开花期也需控制浇水，但也不能浇水过少，否则会导致叶子干枯、枯蕾。

光照：马郁兰为向阳植物，在生长发育期间需放在室外阳光充足的地方养护。

施肥：施肥要适量，并注意多施含磷素较多的液态肥。

适宜人群 对栽培蔬菜非常有耐心的种菜人。

百里香

易养指数
★★★★☆

百里香祖籍西方，植株虽弱小，但用途却很“强大”，有解酒、助消化、利尿、防腐等功效，将其枝叶用来泡澡，还能提神醒脑。新鲜的百里香香味比干燥过的要大40%，所以对香草类蔬菜情有独钟的朋友，不妨自己亲自种上一盆。

“菜”鸟课堂

宜栽领地 南北方皆可种植，南方高温天气种植更佳。

美蔬档案

温度：百里香为喜温作物，最适宜的生长气温在20～25℃之间。夏季的温度普遍过高，这时可适当修剪植株。

湿度：百里香喜欢湿润的土壤，忌水涝，所以浇水要适度。

光照：百里香对光线比较严格，需要生长环境光线充足。

采收：采摘枝叶须在开花前进行，如果开花结子后还继续采摘，就容易导致植株死亡。

适宜人群 细心的种菜人。

鼠尾草

鼠尾草因为香味浓郁，常常被添加进味道浓烈的肉食中，既消除异味，又能增添香气。拌沙拉时放些鼠尾草，还能收到美容养颜的效果。用鼠尾草花泡茶喝，能改善人体循环系统，消除多余的油脂。

“菜”鸟课堂

宜栽领地 适合南方生长，北方温室也能栽培。

美蔬档案

温度： 鼠尾草为喜温作物，发芽期适宜温度为20～25℃，生长期的适宜温度则为15～30℃。

播种： 鼠尾草不适合移摘，最好进行直播，每穴3～5粒种子，等到植株长到5～10厘米高时再疏苗。

湿度： 鼠尾草喜湿润，能耐干旱，但惧怕水涝，注意选择在排水良好的土壤中栽种。雨后要及时排水，且幼苗期3～5天浇水一次，生长期7～15天浇水一次。

土壤： 鼠尾草能耐贫瘠，在石灰质丰富的土壤中长势最旺。

光照： 鼠尾草生长需要充足的光照，大多数品种不耐阴，需全日照栽培，不要在被荫蔽的环境中栽种。

适宜人群 不想花大力气伺候蔬菜的种菜族。

鼠尾草在高温时期切忌淋雨潮湿，尤其是梅雨季节应及时排水。且种子成熟后要及时采摘，否则容易自行脱落。

·易·养·指·数

★★★★☆

莳萝长相酷似茴香，香气上近似香芹，只是气味比香芹更浓烈，带一些清凉味。它的香气比较温和，平时煲汤、拌生菜沙拉、做海鲜时都可以放一些，可以调制出独特的异域风味。莳萝的叶片和种子都可入菜，且种子的香味更加浓郁，很适合当做食用海鲜的作料。

“菜”鸟课堂

宜栽领地 莳萝对温度的适应能力较强，全国各地均可栽种。

美蔬档案

温度： 莳萝为喜温作物，不耐寒也不耐高温，生长期最适宜的温度为20～25℃。

湿度： 莳萝进入幼苗期后需要较多的水分，但对水分亏缺反应敏感，干旱或水渍都会影响莳萝的生长，要注意及时浇水或排涝。

施肥： 莳萝进入幼苗期后，需要更多的肥料，因此应增加追肥次数，但每次的量不要太大。每次施肥和浇水结束后，应及时松土除草。

土壤： 莳萝适合在pH为5～6.5的偏酸土壤中生长，在中性或微碱的土壤常出现植株黄化的现象。

适宜人群 手脚麻利，喜欢在菜园捣鼓的勤快种菜人。

结球茴香

·易·养·指·数

★★★★☆

结球茴香又名球茎茴香，它从外形上看和普通的茴香特别相像，只是在根部多了一个球茎。结球茴香的球茎可以作为蔬菜食用，它清甜脆嫩，无论是凉拌生食，还是与肉类一起炒食，味道都非常棒。

“菜”鸟课堂

宜栽领地 全国各地皆可栽种。

美蔬档案

温度：结球茴香喜欢冷凉气候，生长最适宜温度为15～20℃，也能耐-4℃的低温和36℃的高温。

湿度：结球茴香对水分有严格的要求，特别是在苗期和果实膨大期，不仅要求土壤湿润，对空气的相对湿度要求也较高。

光照：结球茴香属于长日照植物，整个生长过程都需要充足的阳光，果实膨大期尤其不能被荫蔽，否则会影响果实的重量和质量。

土壤：结球茴香对土壤没有特殊的要求，但最好能选择保肥又保水的肥沃土壤种植。

适宜人群 不想花大力气伺候蔬菜的种菜族。

迷迭香

·易·养·指·数
★★★★☆

迷迭香清甜中又带有微微的苦涩味，香味好似松木香，在菜肴中添加少许迷迭香粉末，可以令菜肴香味扑鼻，别具风味。另外，用迷迭香泡茶喝，能提神和增强记忆力。

"菜"鸟课堂

宜栽领地 南北方皆可种植，更适宜在南方温暖的气候下生长。

美蔬档案

温度： 迷迭香喜欢温暖的气候，发芽所需气温为15～20℃，生长期最适合的气温为25～30℃。

湿度： 迷迭香叶片属于革质，耐旱力较强，但是怕水渍，如果水分过多，叶片会发黄甚至枯萎，也容易烂根。所以，浇水要适量，并注意选择排水力强的土壤栽种。

采收： 采收迷迭香的枝叶时要特别小心，迷迭香再生能力较差，修剪过多容易导致植株无法发芽。

适宜人群 热爱打理菜园之人。

香蜂草特有的香气很讨蜜蜂喜欢，能吸引蜜蜂聚集。香蜂草的气味的确沁人心脾，用手揉一揉香蜂草，就有薄荷似的清凉香味飘散出来，只是香味更温和，更接近柠檬的清香味。同柠檬一样，香蜂草也能用来调味，但没有柠檬的酸味，放入各式菜肴中都能增进食欲。

“菜”鸟课堂

宜栽领地 全国各地均可栽种。

美蔬档案

发芽： 香蜂草的种子颗粒很小，播种后不用掩土，这样可尽快发芽。

温度： 香蜂草对温度的适应力很强，耐寒又耐热，无论是在冬季零度以下的低温，还是夏季38℃以上的高温，它都能长得葱葱绿绿。

湿度： 香蜂草性喜湿润，能够耐干旱，但怕水淹，雨后注意及时排水。

施肥： 香蜂草主要以采摘茎叶为主，直接剪取即可；如果出现花序，要立刻摘除，因为开花结子后香蜂草会停止生长。

适宜人群 不想花大力气伺候蔬菜的种菜族。

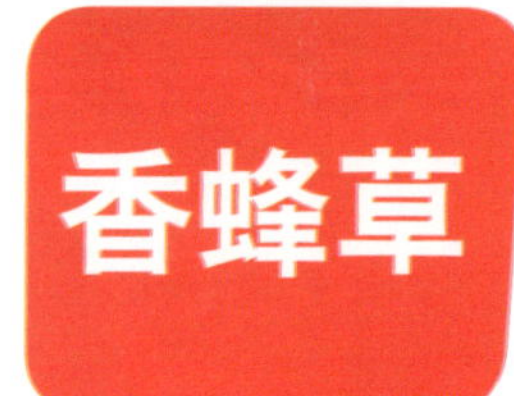

·易·养·指·数

★★★★☆

紫苏

易·养·指·数

★★★★☆

作为调料，紫苏在日常饮食中经常被用到，比如大排档中的田螺、龙虾等常常用紫苏入味，用紫苏做成的紫苏鱼也是鲜香味美。紫苏具有低糖、高纤维素、高胡萝卜素、高矿物质元素等性质，营养价值令人刮目相看。将紫苏煎成水饮用，不仅能散寒解表治感冒，还能治疗海鲜过敏症。紫苏虽然名字柔弱，生命力却十分顽强，不需多加打理，就能旺盛生长。

“菜”鸟课堂

宜栽领地 全国各地均可以栽种，而在南方温暖湿润的气候中产量会更高。

美蔬档案

温度： 紫苏为喜温植物，较耐寒，种子在5℃的低温中也可萌芽，不过最适宜的发芽温度在18～23℃；苗期可耐2℃左右的低温，不过生长缓慢；夏季高温天气里能旺盛生长；开花期最佳温度为22～28℃。

湿度： 紫苏耐湿、耐涝能力比较强，不过紫苏怕干旱，特别是在生长旺盛期，如果遇到干燥的天气，容易出现茎叶粗硬、纤维多等问题，质量大打折扣。

土壤： 紫苏对土壤没有特殊的要求，一般的土壤中都能生长。

适宜人群 不想花大力气伺候蔬菜的种菜族。

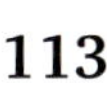

其他类

采菊东篱 乐活开拓

蔬菜大家族中还有这样一些成员，
由于生长条件的限制，我们平时很少有机会吃到它们。
在蔬菜中，它们大都归为精品蔬菜一列，菜价一般都比普通蔬菜高出一大截，
尽管味道鲜美，讲究精打细算过日子的老百姓也只能“望菜兴叹”了。如果能自
己种上一些，花少少金钱就能品尝珍品，快哉！

蕨菜

蕨菜又名龙爪菜、吉祥菜，是一种很名贵的蔬菜，它主要生长在茂密的大森林中，因为营养丰富，又被称为山野菜之王、雪果山珍。蕨菜的食用部位是其未展开的幼嫩叶芽，用蕨菜做成的各种凉热菜，闻着清香四溢，吃起来清脆润滑，令人垂涎。蕨菜的营养价值也是古今闻名的，它含有多种维生素、有机酸纤维素、蛋白质等营养物质，食用后能清肠健胃、舒筋活络，还能用来治疗感冒发热、痢疾、白带增多等症。

·易·养·指·数
★★★★☆

“菜”鸟课堂

宜栽领地 全国各地均可种植。

美蔬档案

温度：蕨菜喜欢凉爽的气候条件，能耐低温，也

较耐高温，孢子发育的适宜温度为25～30℃，植株生长适宜的温度为15～25℃。

湿度： 蕨菜对水分的要求很严格，不耐干旱，初春发芽前应及时浇水，生长期间浇水要勤。

光照： 蕨菜在弱光下也能正常的生长，但是光照时间较长时生长得会更茂盛。

施肥： 蕨菜喜肥，在生长期应多次少量施肥；在每次采收结束2～3天后需追肥1次。

采收： 采收在春季和夏初进行，当幼茎长到20～25厘米，叶子呈拳勾状时即可采收，每隔10～15天可以采收一次，一年能连续采收2～3次。

适宜人群 对栽培蕨菜非常有耐心的种菜人。

蕨菜种植一次可采收15～20年，每年5～6月采收。且为了防止采收过度，每次不应成片全体采收，应只采收2/3或3/4即可。此外，蕨菜入冬前，应将地上枯干的茎叶部分用火烧掉，并覆盖干草防寒越冬。

芦蒿

·易·养·指·数
★★★★☆

芦蒿主要以嫩茎叶供人食用，常用来炒食或凉拌，腌制成酱菜时也别有一番风味。芦蒿也是一种很有名的保健蔬菜，维生素、氨基酸、芳香脂的含量都很丰富，特别是含有丰富的抗癌元素硒。

“菜”鸟课堂

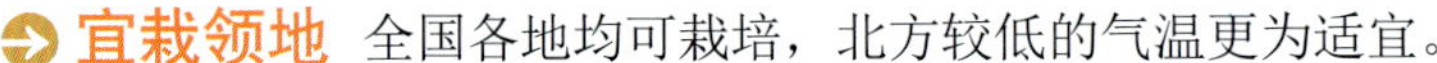

宜栽领地 全国各地均可栽培，北方较低的气温更为适宜。

美蔬档案

温度：芦蒿喜冷凉气候，不过既能耐低温也能耐高温，发芽需要5℃左右的温度环境，嫩茎生长最适宜的温度为12～18℃，温度较高时容易老化变质。

湿度：芦蒿喜湿润，能耐湿但不耐旱，平时应保持土壤湿润，高温干旱季节则要经常浇水。

光照：芦蒿生长需要充足的阳光，强光照下生长茂盛，光照不足则长势偏弱。

土壤：对土壤没有特别要求，但最好选择肥沃、疏松、排水良好的砂壤土。

采收：当嫩茎长到15～20厘米时用锋利的刀割去地上的部分；35～40天后可以再收割一次。

适宜人群 对栽培蔬菜非常有耐心的种菜人。

枸杞菜

·易·养·指·数

★★★★☆

枸杞菜口味别具一格，甘甜中夹杂着清苦味，《红楼梦》中的薛宝钗就喜欢吃“油盐炒枸杞芽”。另外，枸杞菜的食用方法也不单调，炒食、凉拌、煲汤、做馅均可。枸杞菜还含有维生素C、谷氨酸、天门冬氨酸等营养物质，具有补虚益精、清热止渴、祛风明目的功效。且种一次枸杞菜可以连续吃3～5年，非常值得！

“菜”鸟课堂

宜栽领地 全国各地均可栽种，南方温暖的气候更为适合，北方栽培需做好保温措施。

美蔬档案

育苗：菜用枸杞一般不能开花结子，可以直接购买幼苗扦插繁殖。

湿度：枸杞菜喜湿润，但怕旱忌涝，栽植后要注意浇水，保持土壤湿润，并经常喷洒叶面水。

施肥：枸杞菜栽培后需要追肥，肥料以氮肥为主；每次采收后也需及时追肥，最好选用有机肥。

采收：枸杞菜为多年生植物，为了来年能继续采收，最好在冬季将地面以上的叶子都割掉，并适当浇水和施肥。

适宜人群 对栽培蔬菜非常有耐心的种菜人。

·易·养·指·数
★★★★☆

珍珠菜主要是采摘嫩叶、嫩梢食用，叶子嫩绿清香，可以用来烹制各种菜肴，炒食、凉拌、炖汤、清蒸、油炸、做馅等均可在适宜的温度下，整年都能采摘珍珠菜，而且产量也很高。在家种些珍珠菜，自家吃的同时还能送给亲朋好友一起尝鲜，是不是很棒？

“菜”鸟课堂

宜栽领地 全国各地均可栽种，在南方可以四季常青。

美蔬档案

温度：珍珠菜为喜温植物，能耐高温，35～38℃仍可照常生长；也较耐低温，温度在0℃以下时，虽然植株会受冻，但地下根茎能安全过冬。

湿度：珍珠菜适合在湿润的土壤中生长，平时注意保持土壤湿润；高温或干旱天气下，需早晚各喷一次水；雨后注意排水，避免被水淹。

施肥：栽种完毕后需施足有机肥，以后每次结束采收后均追肥一次。

采收：定植40天左右后可以采收，以后每隔20～30天采收一次，每株采摘5～6片嫩茎叶。

适宜人群 对栽培蔬菜非常有耐心的种菜人。

菊花脑

·易·养·指·数

★★★★☆

菊花脑因貌似菊花而得名，可食用部位为其嫩茎叶，用来炒食、煲汤或作为火锅锅底均可，吃起来清凉爽口，十分诱人。菊花脑的营养价值很高，富含维生素、蛋白质、脂肪等，食用后能清热解毒、开胃健脾、降血压等。

“菜”鸟课堂

宜栽领地 全国各地均可栽培。

美蔬档案

温度： 菊花脑喜凉爽气候，能耐寒但不耐高温。种子在4℃以上时可发芽。

湿度： 菊花脑耐干旱、忌水涝，高温干旱季节要注意多喷水。

光照： 菊花脑生长期需要强光和长日照，这样植株能旺盛生长；开花期日照较短能帮助金花芽形成和开花。

施肥： 菊花脑长势很旺，需要较多的肥料，定植5天后施肥一次，以后每隔7天左右施一次肥。

适宜人群 有耐心的种菜人。

黄花菜

·易·养·指·数

★★★★☆

黄花菜又称金针菜、忘忧草，它色泽金黄、香味浓郁、口感爽滑，在古代一直被视为“席上珍品”。黄花菜还含有丰富的卵磷脂，而卵磷脂能使大脑运转得更灵活，可以改善注意力不集中、记忆力减退、脑动脉阻塞等症，因此金针菜也有健脑菜的美誉。

“菜”鸟课堂

宜栽领地 全国各地均可栽培，中部省份的气温条件更为适合。

美蔬档案

温度： 黄花菜为喜温作物，发芽需要5℃左右的温度，叶丛生长最适宜的温度为14～20℃。

湿度： 黄花菜花抽薹前需水较少，抽薹后要求土壤保持湿润，开花期则需要较多的水分。

光照： 黄花菜虽然喜阳，但也能耐阴凉，在树下等半阴的地方也能正常生长。

施肥： 黄花菜较耐贫瘠，要想获得高产则需要充足的肥料。主要以有机肥为主，并搭配适量氮肥。

适宜人群 对栽培蔬菜非常有耐心的种菜人。